《中国古脊椎动物志》编辑委员会主编

中国古脊椎动物志

第二卷

两栖类　爬行类　鸟类

主编 **李锦玲** | 副主编 **周忠和**

第一册（总第五册）

两栖类

王　原　等 编著

科学技术部基础性工作专项（2006FY120400）资助

科学出版社
北　京

内 容 简 介

本书是对我国化石两栖类形态学、分类学、系统发育学和生物地层学的系统总结。本书使用的“两栖纲”和“两栖类”采用其广义的概念，既包括现生两栖类及其中、新生代的化石近亲，也包括古生代和中生代的非羊膜类四足动物。但在正式分类方案中，“两栖纲”不包括“鱼石螈目”和石炭蜥目的成员。本书包括我国已知（资料截至2013年10月）化石两栖类1亚纲5目27属35种9个属种不定及2个未定种，每个属、种均有鉴别特征、产地与层位。在科级及以上的阶元中均有概述做总体介绍。在所有阶元的记述之后均有评注，为编者在编写过程中对发现的问题或编者对该阶元新认识的阐述。

本书是我国凡涉及地学、生物学、考古学的大专院校、科研机构、博物馆及业余古生物爱好者的基础参考书，也可为科普创作提供必要的基础参考资料。

图书在版编目（CIP）数据

中国古脊椎动物志. 第2卷. 两栖类、爬行类、鸟类. 第1册，两栖类：总第5册 / 王原等编著. —北京：科学出版社，2015. 1
ISBN 978-7-03-042403-7

I. ①中… II. ①王… III. ①古动物－脊椎动物门－动物志－中国②古动物－两栖动物－动物志－中国 IV. ①Q915. 86

中国版本图书馆CIP数据核字（2014）第259040号

责任编辑：胡晓春 / 责任校对：胡小洁
责任印制：肖 兴 / 封面设计：黄华斌

科学出版社 出版
北京东黄城根北街16号
邮政编码：100717
http://www.sciencep.com

中国科学院印刷厂 印刷
科学出版社发行 各地新华书店经销
*
2015年1月第 一 版 开本：787×1092 1/16
2015年1月第一次印刷 印张：10 3/4
字数：222 000

定价：108.00元

（如有印装质量问题，我社负责调换）

Editorial Committee of Palaeovertebrata Sinica

PALAEOVERTEBRATA SINICA

Volume II

Amphibians, Reptilians, and Avians

Editor-in-Chief: **Li Jinling** | Associate Editor-in-Chief: **Zhou Zhonghe**

Fascicle 1 (Serial no. 5)

Amphibians

By **Wang Yuan et al.**

Supported by the Special Research Program of Basic Science and Technology of the Ministry of Science and Technology (2006FY120400)

Science Press
Beijing

《中国古脊椎动物志》编辑委员会

Editorial Committee of Palaeovertebrata Sinica

本册撰写人员分工

主编	王　原　E-mail: wangyuan@ivpp.ac.cn
导言	王　原
	董丽萍　E-mail: dongliping@ivpp.ac.cn
“鱼石螈目”	王　原
“离片椎目”	王　原
石炭蜥目	王　原
无尾目	董丽萍
	王　原
有尾目	王　原
	张桂林　E-mail: guilin-zhang@utulsa.edu

（以上人员完成各自编写工作时，所在单位均为中国科学院古脊椎动物与古人类研究所，
中国科学院脊椎动物演化与人类起源重点实验室）

Contributors to this Fascicle

Editor	**Wang Yuan** E-mail: wangyuan@ivpp.ac.cn
Introduction	**Wang Yuan**
	Dong Liping E-mail: dongliping@ivpp.ac.cn
Order 'Ichthyostegalia'	**Wang Yuan**
Order 'Temnospondyli'	**Wang Yuan**
Order Anthracosauria	**Wang Yuan**
Order Anura	**Dong Liping**
	Wang Yuan
Order Urodela	**Wang Yuan**
	Zhang Guilin E-mail: guilin-zhang@utulsa.edu

(All the above contributors were from the Institute of Vertebrate Paleontology and Paleoanthropology, Chinese Academy of Sciences, Key Laboratory of Vertebrate Evolution and Human Origins of Chinese Academy of Sciences, when they accomplished their work)

总 序

中国第一本有关脊椎动物化石的手册性读物是 1954 年杨钟健、刘宪亭、周明镇和贾兰坡编写的《中国标准化石——脊椎动物》。因范围限定为标准化石，该书仅收录了 88 种化石，其中哺乳动物仅 37 种，不及德日进（P. Teilhard de Chardin）1942 年在《中国化石哺乳类》中所列举的在中国发现并已发表的哺乳类化石种数（约 550 种）的十分之一。所以这本只有 57 页的小册子还不能算作一本真正的脊椎动物化石手册。我国第一本真正的这样的手册是 1960 – 1961 年在杨钟健和周明镇领导下，由中国科学院古脊椎动物与古人类研究所的同仁们集体编撰出版的《中国脊椎动物化石手册》。该手册共记述脊椎动物化石 386 属 650 种，分为《哺乳动物部分》（1960 年出版）和《鱼类、两栖类和爬行类部分》（1961 年出版）两个分册。前者记述了 276 属 515 种化石，后者记述了 110 属 135 种。这是对自 1870 年英国博物学家欧文（R. Owen）首次科学研究产自中国的哺乳动物化石以来，到 1960 年前研究发表过的全部脊椎动物化石材料的总结。其中鱼类、两栖类和爬行类化石主要由中国学者研究发表，而哺乳动物则很大一部分由国外学者研究发表。“文化大革命”之后不久，1979 年由董枝明、齐陶和尤玉柱编汇的《中国脊椎动物化石手册》（增订版）出版，共收录化石 619 属 1268 种。这意味着在不到 20 年的时间里新发现的化石属、种数量差不多翻了一番（属为 1.6 倍，种为 1.95 倍）。

自 20 世纪 80 年代末开始，国家对科技事业的投入逐渐加大，我国的古脊椎动物学逐渐步入了快速发展的时期。新的脊椎动物化石及新属、种的数量，特别是在鱼类、两栖类和爬行动物方面，快速增加。1992 年孙艾玲等出版了《The Chinese Fossil Reptiles and Their Kins》，记述了两栖类、爬行类和鸟类化石 228 属 328 种。李锦玲、吴肖春和张福成于 2008 年又出版了该书的修订版（书名中的 Kins 已更正为 Kin），将属种数提高到 416 属 564 种。这比 1979 年手册中这一部分化石的数量（186 属 219 种）增加了大约 1 倍半（属近 2.24 倍，种近 2.58 倍）。在哺乳动物方面，20 世纪 90 年代初，中国科学院古脊椎动物与古人类研究所一些从事小哺乳动物化石研究的同仁们，曾经酝酿编写一部《中国小哺乳动物化石志》，并已草拟了提纲和具体分工，但由于种种原因，这一计划未能实现。

自 20 世纪 90 年代末以来，我国在古生代鱼类化石和中生代两栖类、翼龙、恐龙、鸟类，以及中、新生代哺乳类化石的发现和研究方面又有了新的重大突破，在恐龙蛋和爬行动物及鸟类足迹方面也有大量新发现。粗略估算，我国现有古脊椎动物化石种的总数已经超过 3000 个。我国是古脊椎动物化石赋存大国，有关收藏逐年增加，在研究方面正在努力进入世界强国行列的过程之中。此前所出版的各类手册性的著作已落后于我国古脊椎动物研究发展的现状，无法满足国内外有关学者了解我国这一学科领域进展的迫切需求。美国古生物学家 S. G. Lucas，积 5 次访问中国的经历，历时近 20 年，于 2001 年出版了一部 370 多页的《Chinese Fossil Vertebrates》。这部书虽然并非以罗列和记述属、种为主旨，而且其资料的收集限于 1996 年以前，却仍然是国外学者了解中国古脊椎动物学发展脉络的重要读物。这可以说是从国际古脊椎动物研究的角度对上述需求的一种反映。

2006 年，科技部基础研究司启动了国家科技基础性工作专项计划，重点对科学考察、科技文献典籍编研等方面的工作加大支持力度。是年 10 月科技部召开研讨中国各门类化石系统总结与志书编研的座谈会。这才使我国学者由自己撰写一部全新的、涵盖全面的古脊椎动物志书的愿望，有了得以实现的机遇。中国科学院南京地质古生物研究所和古脊椎动物与古人类研究所的领导十分珍视这次机遇，于 2006 年年底前，向科技部提交了由两所共同起草的“中国各门类化石系统总结与志书编研”的立项申请。2007 年 4 月 27 日，该项目正式获科技部批准。《中国古脊椎动物志》即是该项目的一个组成部分。

在本志筹备和编研的过程中，国内外前辈和同行们的工作一直是我们学习和借鉴的榜样。在我国，“三志”（《中国动物志》、《中国植物志》和《中国孢子植物志》）的编研，已经历时半个多世纪之久。其中《中国植物志》自 1959 年开始出版，至 2004 年已全部出齐。这部煌煌巨著分为 80 卷，126 册，记载了我国 301 科 3408 属 31142 种植物，共 5000 多万字。《中国动物志》自 1962 年启动后，已编撰出版了 126 卷、册，至今仍在继续出版。《中国孢子植物志》自 1987 年开始，至今已出版 80 多卷（不完全统计），现仍在继续出版。在国外，可以作为借鉴的古生物方面的志书类著作，有原苏联出版的《古生物志》（《Основы Палеонтологии》）。全书共 15 册，出版于 1959 – 1964 年，其中古脊椎动物为 3 册。法国的《Traité de Paléontologie》（实际是古动物志），全书共 7 卷 10 册，其中古脊椎动物（包括人类）为 4 卷 7 册，出版于 1952 – 1969 年，历时 18 年。此外，C. M. Janis 等编撰的《Evolution of Tertiary Mammals of North America》（两卷本）也是一部对北美新生代哺乳动物化石属级以上分类单元的系统总结。该书从 1978 年开始构思，直到 2008 年才编撰完成，历时 30 年。

参考我国“三志”和国外志书类著作编研的经验，我们在筹备初期即成立了志书编辑委员会，并同步进行了志书编研的总体构思。2007 年 10 月 10 日由 17 人组成的《中国古脊椎动物志》编辑委员会正式成立（2008 年胡耀明委员去世，2011 年 2 月 28 日增补邓涛、尤海鲁和张兆群为委员，2012 年 11 月 15 日又增加金帆和倪喜军两位委员，现共 21 人）。2007 年 11 月 30 日《中国古脊椎动物志》“编辑委员会组成与章程”、“管理条例”和“编写规则”三个试行草案正式发布，其中“编写规则”在志书撰写的过程中不断修改，直至 2010 年 1 月才有了一个比较正式的试行版本，2013 年 1 月又有了一个更为完善的修订本，至今仍在不断修改和完善中。

考虑到我国古脊椎动物学发展的现状，在汲取前人经验的基础上，编委会决定：①延续《中国脊椎动物化石手册》的传统，《中国古脊椎动物志》的记述内容也细化到种一级。这与国外类似的志书类都不同，后者通常都停留在属一级水平。②采取顶层设计，由编委会统一制定志书总体结构，将全志大体按照脊椎动物演化的顺序划分卷、册；直接聘请能够胜任志书要求的合适研究人员负责编撰工作，而没有采取自由申报、逐项核批的操作程序。③确保项目经费足额并及时到位，力争志书编研按预定计划有序进行，做到定期分批出版，努力把全志出版周期限定在10年左右。

编委会将《中国古脊椎动物志》的编写宗旨确定为："本志应是一套能够代表我国古脊椎动物学当前研究水平的中文基础性丛书。本志力求全面收集中国已发表的古脊椎动物化石资料，以骨骼形态性状为主要依据，吸收分子生物学研究的新成果，尝试运用分支系统学的理论和方法认识和阐述古脊椎动物演化历史、改造林奈分类体系，使之与演化历史更为吻合；着重对属、种进行较全面、准确的文字介绍，并尽可能附以清晰的模式标本图照，但不创建新的分类单元。本志主要读者对象是中国地学、生物学工作者及爱好者，高校师生，自然博物馆类机构的工作人员和科普工作者。"

编委会在将"代表我国古脊椎动物学当前研究水平"列入撰写本志的宗旨时，已经意识到实现这一目标的艰巨性。这一点也是所有参撰人员在此后的实践过程中越来越深刻地感受到的。正如在本志第一卷第一册"脊椎动物总论"中所论述的，自20世纪50年代以来，在古生物学和直接影响古生物学发展的相关领域中发生了可谓"翻天覆地"的变化。在20世纪七八十年代已形成了以Mayr和Simpson为代表的演化分类学派（evolutionary taxonomy）、以Hennig为代表的系统发育系统学派[phylogenetic systematics，又称分支系统学派（cladistic systematics，或简化为cladistics）]及以Sokal和Sneath为代表的数值分类学派（numerical taxonomy）的"三国鼎立"的局面。自20世纪90年代以来，分支系统学派逐渐占据了明显的优势地位。进入21世纪以来，围绕着生物分类的原理、原则、程序及方法等的争论又日趋激烈，形成了新的"三国"。以演化分类学家Mayr和Bock为代表的"达尔文分类学派"（Darwinian classification），坚持依据相似性（similarity）和系谱（genealogy）两项准则作为分类基础，并保留林奈套叠等级体系，认为这正是达尔文早就提出的生物分类思想。在分支系统学派内部分成两派：以de Quieroz和Gauthier为代表的持更激进观点的分支系统学家组成了"系统发育分类命名法规学派"（简称PhyloCode）。他们以单一的系谱（genealogy）作为生物分类的依据，并坚持废除林奈等级体系的观点。以M. J. Benton等为代表的持比较保守观点的分支系统学家则主张，在坚持分支系统学核心理论的基础上，采取某些折中措施以改进并保留林奈式分类和命名体系。目前争论仍在进行中。到目前为止还没有任何一个具体的脊椎动物的划分方案得到大多数生物和古生物学家的认可。我国的古生物学家大多还处在对这些新的论点、原理和方法以及争论论点实质的不断认识和消化的过程之中。这种现状首先影响到志书的总体架构：如何划分卷、册？各卷、册使用何种标题名称？系统记述部分中各高阶元及其名称如何取舍？基于林奈分类的《国际动物命名法规》是否要严格执行？…… 这些问题的存在甚至对编撰本志书的科学性和必要性都形成了质疑和挑战。

在《中国古脊椎动物志》立项和实施之初，我们确曾希望能够建立一个为本志书各卷、册所共同采用的脊椎动物分类方案。通过多次尝试，我们逐渐发现，由于脊椎动物内各大类群的研究历史和分类研究传统不尽相同，对当前不同分类体系及其使用的方法，在接受程度上差别较大，并很难在短期内弥合。因此，在目前要建立一个比较合理、能被广泛接受、涵盖整个脊椎动物的分类方案，便极为困难。虽然如此，通过多次反复研讨，参撰人员就如何看待分类和究竟应该采取何种分类方案等还是逐渐取得了如下一些共识：

1）分支系统学在重建生物演化过程中，以其对分支在演化过程中的重要作用的深刻认识和严谨的逻辑推导方法，而成为当前获得古生物学家广泛支持的一种学说。任何生物分类都应力求真实地反映生物演化的过程，在当前则应力求与分支系统学的中心法则（central tenet）以及与严格按照其原则和方法所获得的结论相符。

2）生物演化的历史（系统发育）和如何以分类来表达这一历史，属于两个不同范畴。分类除了要真实地反映演化历史外，还肩负协助人类认知和记忆的功能。两者不必、也不可能完全对等。在当前和未来很长一段时期内，以二维和文字形式表达演化过程的最好方式，仍应该是现行的基于林奈分类和命名法的套叠等级体系。从实用的观点看，把十几代科学工作者历经 250 余年按照演化理论不断改进的、由近 200 万个物种组成的庞大的阶元分类体系彻底抛弃而另建一新体系，是不可想象的，也是极难实现的。

3）分类倘若与分支系统学核心概念相悖，例如不以共祖后裔而单纯以形态特征为分类依据，由复系类群组成分类单元等，这样的分类应予改正。对于分支系统学中一些重要但并非核心的论点，诸如姐妹群需是同级阶元的要求，干群（“Stammgruppe”）的分类价值和地位的判别，以及不同大类群的阶元级别的划分和确立等，正像分支系统学派内部有些学者提出的，可以采取折中措施使分支系统学的基本理论与以林奈分类和命名法为基础建立的现行分类体系在最大程度上相互吻合。

4）对于因分支点增多而所需阶元数目剧增的矛盾，可采取以下折中措施解决。①对高度不对称的姐妹群不必赋予同级阶元。②对于重要的、在生物学领域中广为人知并广泛应用、而目前尚无更好解决办法的一些大的类群，可实行阶元转移和跃升，如鸟类产生于蜥臀目下的一个分支，可以跃升为纲级分类单元（详见第一卷第一册的“脊椎动物总论”）。③适量增加新的阶元级别，例如 1997 年 McKenna 和 Bell 已经提出推荐使用新的主阶元，如 Legion（阵）、Cohort（部）等，和新的次级阶元，如 Magno-（巨）、Grand-（大）、Miro-（中）和 Parvo-（小）等。④减少以分支点设阶的数量，如仅对关键节点设立阶元、次要节点以顺序先后（sequencing）表示等。⑤应用全群（total group）的概念，不对其中的并系的干群（stem group 或“Stammgruppe”）设立单独的阶元等。

5）保留脊椎动物现行亚门一级分类地位不变，以避免造成对整个生物分类体系的冲击。科级及以下分类单元的分类地位基本上都已稳定，应尽可能予以保留，并严格按照最新的《国际动物命名法规》（1999 年第四版）的建议和要求处置。

根据上述共识，我们在第一卷第一册的“脊椎动物总论”中，提出了一个主要依据中国所有化石所建立的脊椎动物亚门的分类方案（PVS-2013）。我们并不奢求每位参与本志书撰写的人员一定接受它，而只是推荐一个可供选择的方案。

对生物分类学产生重要影响的另一因素则是分子生物学。依据分支系统学原理和方法，借助计算机高速数学运算，通过分析分子生物学资料（DNA、RNA、蛋白质等的序列数据）来探讨生物物种和类群的系统发育关系及支系分异的顺序和时间，是当前分子生物学领域的热点之一。一些分子生物学家对某些高阶分类单元（例如目级）的单系性和这些分类单元之间的系统关系进行探索，提出了一些令形态分类学家和古生物学家耳目一新的新见解。例如，现生哺乳动物 18 个目之间的系统和分类关系，一直是古生物学家感到十分棘手的问题，因为能够找到的目之间的共有裔征（synapomorphy）很少，而经常只有共有祖征（symplesiomorphy）。相反，分子生物学家们则可以在分子水平上找到新的证据，将它们进行重新分解和组合。例如，他们在一些属于不同目的“非洲类型”的哺乳动物（管齿目、长鼻目、蹄兔目和海牛目）和一些非洲土著的“食虫类”（无尾猬、金鼹等）中发现了一些共同的基因组变异，如乳腺癌抗原 1（BRCA1）中有 9 个碱基对的缺失，还在基因组的非编码区中发现了特有的“非洲短散布核元件（AfroSINES）”。他们把上述这些“非洲类型”的动物合在一起，组成一个比目更高的分类单元（Afrotheria，非洲兽类）。根据类似的分子生物学信息，他们把其他大陆的异节类、真魁兽啮型类和劳亚兽类看作是与非洲兽类同级的单元。分子生物学家们所提出的许多全新观点，虽然在细节上尚有很多值得进一步商榷之处，但对现行的分类体系无疑具有重要的参考价值，应在本志中得到应有的重视和反映。

采取哪种分类方案直接决定了本志书的总体结构和各卷、册的划分。经历了多次变化后，最后我们没有采用严格按照节点型定义的现生动物（冠群）五“纲”（鱼、两栖、爬行、鸟和哺乳动物）将志书划分为五卷的办法。其中的缘由，一是因为以化石为主的各“纲”在体量上相差过于悬殊。现生动物的五纲，在体量上比较均衡（参见第一卷第一册“脊椎动物总论”中有关部分），而在化石中情况就大不相同。两栖类和鸟类化石的体量都很小：两栖类化石目前只有不到 40 个种，而鸟类化石也只有大约五六十种（不包括现生种的化石）。这与化石鱼类，特别是哺乳类在体量上差别很悬殊。二是因为化石的爬行类和冠群的爬行动物纲有很大的差别。现有的化石记录已经清楚地显示，从早期的羊膜类动物中很早就分出两大主要支系：一支通过早期的下孔类演化为哺乳动物。下孔类，按照演化分类学家的观点，虽然是哺乳动物的早期祖先，但在形态特征上仍然和爬行类最为接近，因此应该归入爬行类。按照分支系统学家的观点，早期下孔类和哺乳动物共同组成一个全群（total group），两者无疑应该分在同一卷内。该全群的名称应该叫做下孔类，亦即：下孔类包含哺乳动物。另一支则是所有其他的爬行动物，包括从蜥臀类恐龙的虚骨龙类的一个分支演化出的鸟类，因此鸟类应该与爬行类放在同一卷内。上述情况使我们最后决定将两栖类、不包括下孔类的爬行类与鸟类合为一卷（第二卷），而早期下孔类和哺乳动物则共同组成第三卷。

在卷、册标题名称的选择上，我们碰到了同样的问题。分支系统学派，特别是系统发育分类命名法规学派，虽然强烈反对在分类体系中建立绝对阶元级别，但其基于严格单系分支概念的分类名称则是“全套叠式”的，亦即每个高阶分类单元必须包括其最早的祖先及由此祖先所产生的所有后代。例如传统意义中的鱼类既然包括肉鳍鱼类，那么也必须包括由其产生的所有的四足动物及其所有后代。这样，在需要表述某一“全套叠式”的名称的一部分成员时，就会遇到很大的困难，会出现诸如“非鸟恐龙”之类的称谓。相反，林奈分类体系中的高阶分类单元名称却是“分段套叠式”的，其五纲的概念是互不包容的。从分支系统学的观点看，其中的鱼纲、两栖纲和爬行纲都是不包括其所有后代的并系类群（paraphyletic groups），只有鸟纲和哺乳动物纲本身是真正的单系分支（clade）。林奈五纲的概念在生物学界已经根深蒂固，不会引起歧义，因此本志书在卷、册的标题名称上还是沿用了林奈的“分段套叠式”的概念。另外，由于化石类群和冠群在内涵和定义上有相当大的差别，我们没有直接采用纲、目等阶元名称，而是采用了含义宽泛的“类”。第三卷的名称使用了“基干下孔类　哺乳类”是因为“下孔类”这一分类概念在学界并非人人皆知，若在标题中舍弃人人皆知的哺乳类，而单独使用将哺乳类包括在内的下孔类这一全群的名称，则会使大多数读者感到茫然。

在编撰本志书的过程中我们所碰到的最后一类问题是全套志书的规范化和一致性的问题。这类问题十分烦琐，我们所花费时间也最多。

首先，全志在科级以下分类单元中与命名有关的所有词汇的概念及其用法，必须遵循《国际动物命名法规》。在本志书项目开始之前，1999 年最新一版（第四版）的《International Code of Zoological Nomenclature》已经出版。2007 年中译本《国际动物命名法规》（第四版）也已出版。由于种种原因，我国从事这方面工作的专业人员，在建立新科、属、种的时候，往往很少认真阅读和严格遵循《国际动物命名法规》，充其量也只是参考张永辂 1983 年出版的《古生物命名拉丁语》中关于命名法的介绍，而后者中的一些概念，与最新的《国际动物命名法规》并不完全符合。这使得我国的古脊椎动物在属、种级分类单元的命名、修订、重组，对模式的认定，模式标本的类型（正模、副模、选模、副选模、新模等）和含义，其选定的条件及表述等方面，都存在着不同程度的混乱。

这些都需要认真地予以厘定，以免在今后以讹传讹。

其次，在解剖学，特别是分类学外来术语的中译名的取舍上，也经常令我们感到十分棘手。“全国科学技术名词审定委员会公布名词”（网络 2.0 版）是我们主要的参考源。但是，我们也发现，其中有些术语的译法不够精准。事实上，在尊重传统用法和译法精准这两者之间有时很难做出令人满意的抉择。例如，对 phylogeny 的译法，在“全国科学技术名词审定委员会公布名词”中就有种系发生、系统发生、系统发育和系统演化四种译法，在其他场合也有译为亲缘关系的。按照词义的精准度考虑，钟补求于 1964 年在《新系统学》中译本的“校后记”中所建议的“种系发生”大概是最好的。但是我国从 1922 年杜就田所编撰的《动物学大词典》中就使用了“系统发育”的译法，以和个体发育（ontogeny）相对应。在我国从 1978 年开始的介绍和翻译分支系统学的热潮中，几乎所有的译介者都延用了“系统发育”一词。经过多次反复斟酌，最后，我们也采用了这一译法。类似的情况还有很多，这里无法一一列举，这些抉择是否恰当只能留待读者去评判了。

再次，要使全套志书能够基本达到首尾一致也绝非易事。像这样一部预计有 3 卷 23 册的丛书，需要花费众多专家多年的辛勤劳动才能完成；而在确立各种体例和格式之类的琐事上，恐怕就要花费其中一半的时间和精力。诸如在每一册中从目录列举的级别、各章节排列的顺序，附录、索引和文献列举的方式及详简程度，到全书中经常使用的外国人名和地名、化石收藏机构等的缩写和译名等，都是非常耗时费力的工作。仅仅是对早期文献是否全部列入这一点，就经过了多次讨论，最后才确定，对于 19 世纪中叶以前的经典性著作，在后辈学者有过系统而全面的介绍的情况下（例如 Gregory 于 1910 年对诸如 Linnaeus、Blumenbach、Cuvier 等关于分类方案的引述），就只列后者的文献了。此外，在撰写过程中对一些细节的决定经常会出现反复，需经多次斟酌、讨论、修改，最后再确定；而每一次反复和重新确定，又会带来新的、额外的工作量，而且确定的时间越晚，增加的工作量也就越大。这其中的烦琐和日久积累的心烦意乱，实非局外人所能体会。所幸，参加这一工作的同行都能理解：科学的成败，往往在于细节。他们以本志书的最后完成为己任，孜孜矻矻，不厌其烦，而且大多都能在规定的时限内完成预定的任务。

本志编撰的初衷，是充分发挥老科学家的主导作用。在开始阶段，编委会确实努力按照这一意图，尽量安排老科学家担负主要卷、册的编研。但是随着工作的推进，编委会越来越深切地感觉到，没有一批年富力强的中年科学家的参与，这一任务很难按照原先的设想圆满完成。老科学家在对具体化石的认知和某些领域的综合掌控上具有明显的经验优势，但在吸收新鲜事物和新手段的运用、特别是在追踪新兴学派的进展上，却难以与中年才俊相媲美。近年来，我国古脊椎动物学领域在国内外都涌现出一批极为杰出的人才，其中有些是在国外顶级科研和教学机构中培养和磨砺出来的科学家。他们的参与对于本志书达到“当前研究水平”的目标起到了关键的作用。值得庆幸的是，我们所邀请的几位这样的中年才俊，都在他们本已十分繁忙的日程中，挤出相当多时间参与本志有关部分的撰写和 / 或评审工作。由于编撰工作中技术性任务量大、质量要求高，一部分年轻的学子也积极投入到这项工作中。最后这支编撰队伍实实在在地变成了一支老中青相结合的队伍了。

大凡立志要编撰一本专业性强的手册性读物，编撰者首要的追求，一定是原始资料的可靠和记录及诠释的准确性，以及由此而产生的权威性。这样才能经得起广大读者的推敲和时间的考验，才能让读者放心地使用。在追求商业利益之风日盛、在科普读物中往往充斥着种种真假难辨的猎奇之词的今天，这一点尤其显得重要，这也是本编辑委员会和每一位参撰人员所共同努力追求并为之奋斗的目标。虽然如此，由于我们本身的学识水平和认识所限，错误和疏漏之处一定不少，真诚地希望读者批评指正。

感谢 《中国古脊椎动物志》编研工作得以启动，首先要感谢科技部具体负责此项工作的基础研究司的领导，也要感谢国家自然科学基金委员会、中国科学院和相关政府部门长期以来对古脊椎动物学这一基础研究领域的大力支持。令我们特别难以忘怀的是几位参与我国基础性学科调研并提出宝贵建议的地学界同行，如黄鼎成和马福臣先生，是他们对临界或业已退休、但身体尚健的老科学工作者的报国之心的深刻理解和积极奔走，才促成本专项得以顺利立项，使一批新中国建立后成长起来的老古生物学家有机会把自己毕生积淀的专业知识的精华总结和奉献出来。另外，本志书编委会要感谢本专项的挂靠单位，中国科学院古脊椎动物与古人类研究所的领导和各处、室，特别是标本馆、图书室、负责照相和绘图的技术室，以及财务处的同仁们，对志书工作的大力支持。编委会要特别感谢负责处理日常事务的本专项办公室的同仁们。在志书编撰的过程中，在每一次研讨会、汇报会、乃至财务审计等活动中，他们忙碌的身影都给我们留下了难忘的印象。我们还非常幸运地得到了与科学出版社的胡晓春编辑共事的机会。她细致的工作作风和精湛的专业技能，使每一个接触到她的参撰人员都感佩不已。在本志书的编撰过程中，还有很多国内外的学者在稿件的学术评审过程中提出了很多中肯的批评和改进意见，使我们受益匪浅，也使志书的质量得到明显的提高。这些在相关册的致谢中都将做出详细说明，编委会在此也向他们一并表达我们衷心的感谢。

《中国古脊椎动物志》编辑委员会

2013 年 8 月

本册前言

本册内容包括对产自中国的两栖类化石的形态学描述、分类学鉴定、系统发育学分析（主要在无尾类和有尾类两个类群），以及部分相关的生物地层学讨论。这是对已经发表的我国化石两栖类研究成果进行的一次较为全面的总结、修订和评述，其原始素材是正式出版物（如论文、摘要、单行本、专著等）中发表的化石两栖类成果，也包括个别非正式出版物（因为历史或各种原因未能在正式出版物上发表）中的重要材料。按照志书编写规则，本册内不建立新的属、种。

本册使用的“两栖纲”（“Amphibia”）和“两栖类”（“amphibians”）均系其广义的概念，既包括现生两栖类及其中、新生代的化石近亲，也包括古生代和中生代非羊膜类四足动物（non-amniotic tetrapods）。因此本册所用的“两栖纲”和“两栖类”不是单系类群（在本册中，所有非单系类群都加引号，以区别于被学界广泛认可的单系类群）。目前学界对“两栖纲”和“两栖类”的定义和外延概念有不同的认识。有的学者认为它们应仅限于现生两栖类（本册中的滑体两栖类）及与其密切相关的化石种类，而不应包括与现生两栖类形态差别较大的古生代和中生代的传统两栖类类群（如“离片椎类”、大头鲵类等）。更有的学者认为，将某些早期四足动物（如鱼石螈类）称为“两栖类”极不合适。这样的争议涉及本册，使我们对本册书名的选定经历了一番周折。曾经考虑过的书名包括：“两栖纲”、“两栖类”、“原始四足类、离片椎类和滑体两栖类等”、“基干四足类和两栖类”等等。但经过与志书编委会沟通，编者决定选择一个简单、且公众较为熟悉的名称——“两栖类”作为分册书名。在文中对两栖类的定义和历史概念进行必要的解释。

对于传统包括在两栖纲迷齿亚纲石炭蜥目的成员，研究显示它们与爬行类的关系更近，而与传统两栖类的关系较远。最早的羊膜类四足动物即从这个类群中演化出来。由于这个类群我国种类很少（已知只有 4 种），且该类动物与“离片椎类”、壳椎类，以及与更晚的四足动物的亲缘关系还未完全解决，为了简化问题，我们将此类群按照两栖类传统分类方法包括在本册之中，而不是交给其他分册。这也是一个不得已的折中办法，并不代表我们忽视了志书编写规则，即：“吸收分子生物学研究的新成果，尝试运用分支系统学的理论和方法认识和阐述古脊椎动物演化历史”。这一点我们在导言中也有专门的解释。作为折中方案，书名虽采用《两栖类》，但在正式的“两栖纲”中，没有包括“鱼石螈目”和“石炭蜥目”的成员，以示分支系统学之立场。

按照传统分类，我国两栖类化石种类涵盖了两栖类的绝大多数主要门类（亚纲、目级别），可归入 1 亚纲（滑体两栖亚纲）、5 目（“鱼石螈目”、“离片椎目”、无尾目、有尾目和石炭蜥目），仅未发现滑体两栖亚纲的原无尾目、异螈目和无足目，以及壳椎亚纲的成员。本书根据多数学者的意见，弃用不是单系且目前已经很少使用的“迷齿亚纲”分类级别，该亚纲过去包括“鱼石螈目”、“离片椎目”、石炭蜥目等类元。尽管大门类较全，但我国两栖类化石的属种数目较少，目前仅有 27 属 35 种，以及 9 个属种不定和 2 个未定种。从标本数量看，有 14 个种仅有一件正模，且大多数属种的化石材料较少，仅部分种类（如新疆二叠纪的乌鲁木齐鲵，内蒙古侏罗纪的热河螈、初螈，辽宁白垩纪的辽蟾以及北京周口店的更新世两栖类等）拥有数十件乃至上百件标本。由于标本的种类和数量较少，志书编委会对《两栖类》是否单独成册有过讨论，曾考虑将属种数量较少的两栖类与第二卷第二册《基干无孔类 龟鳖类 大鼻龙类》合并为一册发表。但考虑两栖类代表着脊椎动物从水生向陆生过渡的重要演化阶段，而且合并后也存在分类上的问题，所以最终决定单独作为一册发表，以体现该类群在脊椎动物演化中承前启后的重要性。

本册分类单元的排列顺序，按照三个原则：①目级及以上分类单元，以各级别的演化顺序为序。“鱼石螈目”已知最早的化石代表出现于泥盆纪晚期（我国最早代表见于晚泥盆世）、“离片椎目”成员最早见于石炭纪早期（我国最早代表出现于中二叠世），两目均早于滑体两栖亚纲（最早出现于三叠纪早期），故置于其前。无尾目成员最早出现于侏罗纪早期（我国最早代表见于早白垩世）、有尾目成员最早见于侏罗纪中期（我国最早代表见于中 / 晚侏罗世），石炭蜥目成员虽然最早见于石炭纪晚期（我国最早代表见于中二叠世），但此类群将演化出羊膜类四足动物，为了与后面的各册衔接，将其置于最后。所以目级类群的排列顺序依次为“鱼石螈目”、“离片椎目”、无尾目、有尾目和石炭蜥目。②目级以下分类单元（包括亚目、超科、科、属、种），一般按照英文字母升序方式排列，但有两种情况例外：明确知道演化先后顺序的，按照演化顺序从原始到进步排列；另外，属的模式种排在该属各种最前。③分类未定的类群，放在各相关类群之后。其中科未定的分类单元排在属种不定之前。

本册的编写工作始于 2007 年 10 月。当时对两栖类分册的内容提纲、编写分工、工作时间表等进行了初步规划，随后开始了对数量较大的有尾类化石的整理工作，以及对两栖类文献的收集和整理。但正式开展工作是在 2010 年 1 月整套志书编写规则确定之后，包括对全部已发表标本的观察和整理，赴国内其他藏有两栖类化石的单位访问，重新拍照标本，以及正式的文字撰写等工作。初稿于 2012 年 4 月完成，经过编委会专家审订、外围专家评审等程序，于 2013 年 10 月完成修订，11 月定稿送交出版社。

本册的撰写由我和董丽萍（博士研究生，在读）、张桂林（硕士研究生，已毕业）完成。中国科学院古脊椎动物与古人类研究所李锦玲研究员、刘俊研究员和美国堪萨斯大学自然历史博物馆苗德岁博士审阅了分册初稿，并提出宝贵修改意见，特此致谢。编者感谢志书编辑委员会，尤其是志书编委会主任邱占祥先生，以及第二卷主编李锦玲先生的指导；感谢英国伦敦大学学院Susan E. Evans教授、捷克科学院地质研究所Zbyněk Roček教授和美国詹姆斯麦迪逊大学Christopher Rose教授的学术指导和帮助；Z. Roček教授也随同编者团队对国内藏有无尾类化石的博物馆和研究机构进行了深入访问，并拍摄了很多重要标本的照片。

特别感谢高春玲、卢立伍、冯向阳、赵丽君、孙承凯、张生、衣同娟、李俊德、张玉亮、王晓东、岑立戈、张万连、叶军、张永、李都、周凤彩、李红、郑芳和耿丙河等在观察对比标本或野外地质考察方面提供的帮助。感谢许勇、黄金玲绘图，张杰、高伟照相，李玉同、张杰、郭艳芳修复标本，周国平、郭艳芳、王钊制作标本模型，以及志书编委会办公室张翼、魏涌澎、张昭等对两栖类分册的协助工作。

王　原

2013 年 10 月

本册涉及的机构名称及缩写

【缩写原则：1. 本志书所采用的机构名称及缩写仅为本志使用方便起见编制，并非规范名称，不具法规效力。2. 机构名称均为当前实际存在的单位名称，个别重要的历史沿革在括号内予以注解。3. 原单位已有正式使用的中、英文名称及 / 或缩写者（用 * 标示），本志书从之，不做改动。4. 中国机构无正式使用之英文名称及 / 或缩写者，原则上根据机构的英文名称或按本志所译英文名称字串的首字符（其中地名按音节首字符）顺序排列组成，个别缩写重复者以简便方式另择字符取代之。】

（一）中国机构

***BMNH** — 北京自然博物馆 Beijing Museum of Natural History

***CBFNG** — 朝阳鸟化石国家地质公园（辽宁）Chaoyang Bird Fossil National Geopark (Liaoning Province)

***DLNHM** — 大连自然博物馆（辽宁）Dalian Natural History Museum (Liaoning Province)

***GMC** — 中国地质博物馆（北京）Geological Museum of China (Beijing)

***IGCAGS** — 中国地质科学院地质研究所（北京）Institute of Geology, Chinese Academy of Geological Sciences (Beijing)

***IVPP** — 中国科学院古脊椎动物与古人类研究所（北京）Institute of Vertebrate Paleontology and Paleoanthropology, Chinese Academy of Sciences (Beijing)

***NIGPAS** — 中国科学院南京地质古生物研究所（江苏）Nanjing Institute of Geology and Palaeontology, Chinese Academy of Sciences (Jiangsu Province)

***PKU** — 北京大学（北京）Peking University (Beijing)

***PMOL** — 辽宁古生物博物馆（沈阳）Paleontological Museum of Liaoning (Shenyang)

***SDM** — 山东博物馆（济南）Shandong Museum (Ji’nan)

***STM** — 山东省天宇自然博物馆（平邑）Shandong Tianyu Museum of Natural History (Pingyi)

SWNG — 山旺国家地质公园（山东临朐）Shanwang National Geopark (Linqu, Shandong Province)

SWPM — 山旺古生物博物馆（山东临朐）Shanwang Paleontological Museum (Linqu, Shandong Province)

***XGMRM** — 新疆地质矿产博物馆（乌鲁木齐）Xinjiang Geology and Mineral Resources Museum (Ürümqi)

***ZDM** — 自贡恐龙博物馆（四川）Zigong Dinosaur Museum (Sichuan Province)

***ZMNH** — 浙江自然博物馆（杭州）Zhejiang Museum of Natural History (Hangzhou)

（有些收藏单位机构调整后，其原有标本不清楚如今收藏何处，编志者只能依原著发表时的收藏单位列在相关的属种之下，此处则未一一列出）

（二）外国机构

***IMGPUT** — Institut und Museum für Geologie und Paläontologie, Universität der Tübingen (Germany) 蒂宾根大学地质古生物研究所博物馆（德国）

***PIN** — Paleontological Institute, Russian Academy of Sciences (Moscow) 俄罗斯科学院古生物研究所（莫斯科）

SGP — Sino-German Project collection 中德考察项目编号

目　录

导　言

一、两栖动物的定义和特征

两栖动物很容易被误解为“水陆两栖的动物”。瑞典博物学家、生物分类学双名法创始人卡罗勒斯·林奈（Carolus Linnaeus）在他的《自然系统》（第十版）（Systema Naturae, 1758年）一书中对两栖动物有这样的描述：“这是一些污秽和讨厌的动物……它们有着冰冷的身体、暗淡的体色、软骨的骨架、不洁的皮肤、难看的外表、不停转动的眼睛、难闻的气味、刺耳的叫声、肮脏的栖居地以及可怕的毒液……因而造物主没有尽力去造出太多的这种动物……”。

林奈描述的是现生两栖动物。虽然其中不乏感情色彩，但他的描述也的确反映出这类动物的一些特点：如变温、骨骼中有较多的软骨成分、种类稀少等；另外它们的毒液、体色和气味等多是两栖动物与抵御或躲避敌害机制相适应所具有的特征。

林奈首次用“Amphibia”一词命名这类动物（Linnaeus, 1758）。从词源看，“Amphibia”源自希腊文amphibios，其中“amphi-”是“两种、两用的”，“bios”是“生命、生活”，合意就是“有两种生活的动物”，反映其生命中一个重要的发育过程——变态过程。两栖动物（英文：amphibians）的中文译名词尾多为：蛙、蟾、鲵、螈等。台湾地区将amphibians译为“两生动物”，暗含了这类动物两种不同的生活方式，应该比“两栖动物”之名更为准确。

大多数两栖动物的发育过程中有幼体和成体两个显著不同的阶段，从幼体到成体的发育过程称为“变态”（metamorphosis）。变态过程在蛙类中最为典型，而且蛙类在两栖动物中占有绝对的数量优势，因此也被认为是两栖动物的典型代表。其特征是幼体生活在水中，像鱼一样有尾巴，用鳃呼吸；成体大多生活在陆地上，尾巴消失，具有四肢，用肺呼吸。由此可见，“两栖动物”之名实际是指它们一生中有两个时期，分别具有不同的生活方式，而不是像很多人误解的那样，是“水陆两栖的动物”。典型的反例如鳄、海龟，虽然它们是“水陆两栖”，但都属于爬行动物。而真正的两栖动物中，有些却是完全水生的（如著名的实验动物非洲爪蟾*Xenopus laevis*，宠物市场上身体黄色、眼睛红色的“小金蛙”就是它的白化种类），或是完全陆生的（如一些直接发育的蛙类，不经过蝌蚪阶段就直接发育出幼蛙）。

除了变态过程，两栖动物还有其他一些重要的解剖学和生理学特征，如成体用肺呼吸，以皮肤作为辅助呼吸器官乃至全部呼吸器官（如无肺螈类 plethodontids 仅用皮肤呼吸）；心脏两心房一心室；皮肤开始角质化；大脑两半球已经完全分开，顶部出现神经细胞；首次出现了中耳（鼓膜和耳柱骨）；头骨具两个枕髁（occipital condyle）（这点与哺乳类一样，区别于鱼类、爬行类和鸟类的单枕髁）；变温；卵生或卵胎生；此类动物开始具有五趾型四肢（鱼类中为鳍，无四肢），脊柱上分化出了颈椎和荐椎（鱼类无颈椎和荐椎）。

传统分类学中，两栖动物属于脊椎动物亚门中的一个纲：两栖纲（Amphibia Linnaeus, 1758），是演化阶段处于鱼类和羊膜类之间的一类四足动物（即具有四肢的脊椎动物），代表脊椎动物演化历史中从水生到陆生的过渡类群。需要说明的是，上述定义和特征主要是依据现生两栖动物做出的。而化石两栖动物中，除了与现生两栖类关系密切的化石种类，大多数（如古生代和中生代的很多种类）与现生两栖类有较大的形态差别（包括体表特征和骨骼特征）。

Duellman 和 Trueb (1986) 在其《Biology of Amphibians》一书中，对两栖纲 (Amphibia) 给出了如下定义（definition），其中也包括了这类动物的主要特征："两栖动物是具有四肢的（某些类群中缺失）、外温（ectothermic）、有颌类脊椎动物（gnathostome vertebrate）。其头骨具有闭合的耳凹（otic notch）和大的鳞骨（经常与顶骨缝接），后颞窝（post-temporal fossa）和外翼骨（ectopterygoid）缺失，隔颌骨（septomaxilla）内置（如果存在）。下颌由一块位于内侧的冠状骨（coronoid）和三块位于外侧的真皮骨构成。头骨通过寰椎（atlas，一块特殊的脊椎骨）与脊柱相连；寰椎上无肋骨，具有一对寰椎臼窝（atlantal cotyle），该臼窝与头骨后侧的一对朝向中线的枕髁相关节（某些古生代的种类只有一个枕髁）。脊椎壳椎型（lepospondylous, husk-type），主要由膜质骨（membrane bone）构成。脊椎的椎体（centrum）前后向伸长，其上具有相互关节的神经弓（neural arch）；脉弓（haemal arch）与椎体愈合（如果存在）。每个脊椎的两侧各具有一对突起，与双头肋（bicapitate rib）相关节（在无尾类中，肋骨缺失或附于横突上）。具有肺（在某些蝾螈类中次生缺失），心脏三腔室(chamber)。皮肤腺体发育，缺少表皮鳞片(epidermal scale)、羽毛或毛发。卵为非羊膜型（anamniotic），多数种类的水生幼体经过变态过程变为成体。"

现生的两栖动物与古老型的（比如古生代的）"两栖类"形态差别较大。现生两栖类都被归入滑体两栖亚纲（Lissamphibia Haeckel, 1866）。Duellman 和 Trueb（1986）对 Lissamphibia 的定义为："脊椎为单一椎体型（即缺失间椎体intercentrum）。肋骨（如果存在）短，不包围体腔。后额骨（postfrontal）和顶骨（parietal）之后的颅顶骨骼缺失。下颌无上隅骨。牙齿为基座型齿（pedicellate tooth）（有些种类具大牙）。具耳柱骨（columella）和耳盖骨（operculum）(有些种类中次生缺失)。内耳中具有一套特殊的感觉乳头细胞（称'papilla amphibiorum'），具有完全功能的眼的种类的视网膜中具绿杆体（green rod）。脂肪体常与性腺（gonad）相关（同爬行类一样）。皮肤中具黏液腺和颗粒腺体（mucous and granular glands），口腔中具有颌间腺（intermaxillary gland）。”可以看出，Duellman和Trueb（1986）的滑体两栖类“定义”其实强调的是特征。本书认为可用系统发育的概念将滑体两栖类定义为：“现生两栖类的最近共同祖先及其所有（化石及现生的）后裔”，从而本书的滑体两栖类成为“两栖类”的冠类群（crown group）。

另外，多数滑体两栖类还共有如下特征，如：具有一对枕髁；具有抬起眼睛的能力[使用眼球提肌（musculus levator bulbi）]；强制泵式呼吸机制；椎体柱状；牙齿双尖；耳盖骨与肩带骨骼通过肌肉相连，可能与听觉和平衡相关（在无足类和部分有尾类中缺失，在多数无尾类中与耳柱骨愈合），两侧翼骨（pterygoid）小且相互远离；副蝶骨的刀形突（cultriform process of parasphenoid）宽等。

值得注意的是，Duellman和Trueb（1986，p. 494）也提到，按照传统的定义，两栖类是“缺失羊膜卵（amniote egg）的一类四足动物”，所以一些学者认为该类群是无效的分类单元，或者建议把“两栖类”仅限于滑体两栖类。但本书认为“两栖类”已经是个广泛使用的词汇，因此倾向于保留“两栖类”一词，使用其广义的概念，并采用如下简洁的分类学概念性定义：“两栖类是非羊膜类四足动物（anamniotic tetrapod）。”

二、两栖动物的分类和地史分布

学界对现生两栖动物的定义与分类没有任何疑义；然而，加入化石类群后，尤其是古生代和中生代的非羊膜类四足动物，两栖动物的定义与分类就出现了很多争议。

按照以 A. S. Romer 为代表的演化系统分类学派的传统分类（Romer, 1966），现生和化石两栖类是脊椎动物的一个纲——两栖纲（Amphibia），下分为三个亚纲：迷齿亚纲（Labyrinthodontia），壳椎亚纲（Lepospondyli）和滑体两栖亚纲（Lissamphibia）。从“迷齿类”中演化出了更加适应于陆地生活的羊膜动物。

“迷齿类”因其牙齿齿冠具珐琅质褶曲，横切面呈迷路构造而得名。头骨外后侧具有耳凹、头多低平，四肢具趾（digit）。在传统分类中“迷齿亚纲”包括“鱼石螈目”（Ichthyostegalia）、“离片椎目”（Temnospondyli）和石炭蜥目（Anthracosauria）三大类群。迷齿类是一个并系类群（paraphyletic group），也就是说，这个类群包括了一个最近的共同祖先和其部分后代，而没有包括这个祖先的全部后代。并系类群不是自然类群，所以不少学者建议取消或限制使用“迷齿类”这个名称，在最近几十年的学术论文中，“迷齿类”或者“迷齿亚纲”也越来越少使用。分支系统学的引入，虽然明确了祖裔关系，但也制造出更多的分类层级。“迷齿类”也有其传统的内涵，包括上述三个目级分类单元，便于读者理解。本书采取折中的方法，在分类学描述中依照多数学者做法，弃用这个分类单元；但在概念性介绍中，暂时保留，并标以引号显示它不是单系类群。

“迷齿类”分布于各大洲，最早见于距今约3.7亿年前的晚泥盆世，代表最早的四足动物。泥盆纪的属种多被归入“鱼石螈目”，著名化石代表如格陵兰晚泥盆世的鱼石螈（*Ichthyostega*，图1）和棘石螈（*Acanthostega*）（注：该动物曾被翻译为“棘螈”，但该中文名已经被一种现生的有尾类 *Echinotriton* 所用。本书对照鱼石螈的译名法，将 *Acanthostega* 翻译为棘石螈）；石炭纪和二叠纪时，“迷齿类”繁荣并有大型化趋势，此时“离片椎目”占统治地位，代表种类如北美早二叠世的长脸螈（*Eryops*，曾被误译为“蚓螈”，从而与无足类的别称“蚓螈类”混淆）；三叠纪开始“迷齿类”逐渐衰亡，但从离片椎类的一支演化出完全适应水生生活的类群，并保持了一定的分异度，称为全椎类（stereospondyls），代表种类如近全球分布的三叠纪的乳齿鲵超科（Mastodonsauroidea，又称大头鲵超科 Capitosauroidea）的成员（图2）；所有“迷齿类”至白垩纪灭绝。晚石炭世从“迷齿类”的一支演化出了产羊膜卵的爬行动物，这个分支即石炭蜥目（Anthracosauria，又称“石炭螈目”），包括西蒙龙型类（seymouriamorphs）和迟滞鳄类（chroniosuchids）的各种动物，我国晚二叠世的乌鲁木齐鲵（*Urumqia*，图3）就是西蒙龙型类的成员。传统认为石炭蜥类是“两栖纲”“迷齿亚纲”的一个目，但现在多数学者认为这类动物与羊膜类动物的关系更近，并将石炭蜥类归入爬行型动物（reptiliomorphs），而不认为它们是两栖类的成员。

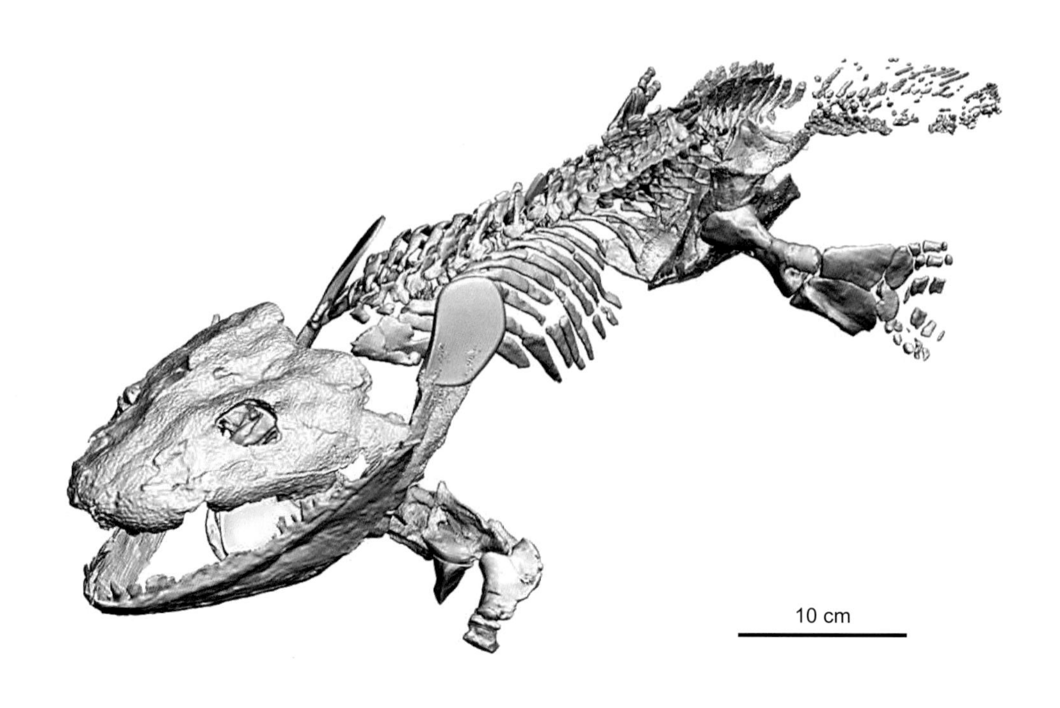

图1　泥盆纪的“鱼石螈目”成员——鱼石螈（*Ichthyostega*）的骨骼3D复原图（引自 Pierce et al., 2012）

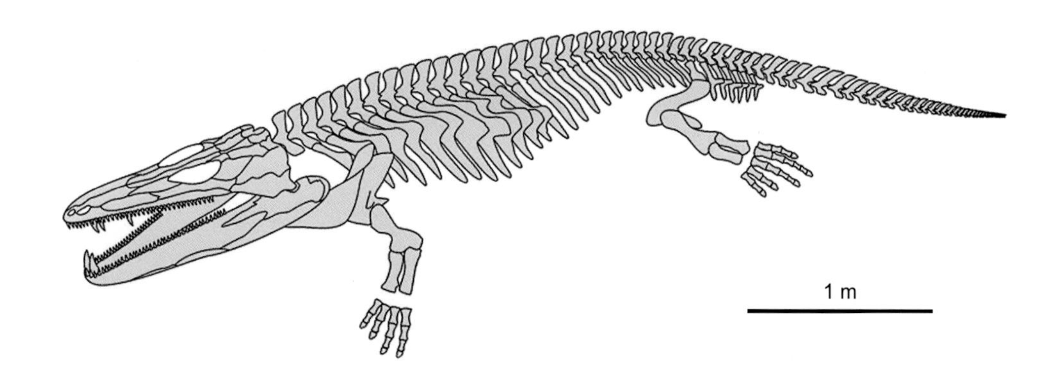

图 2　三叠纪的乳齿鲵超科（Mastodonsauroidea）成员的骨骼复原图（引自 Schoch, 2008）

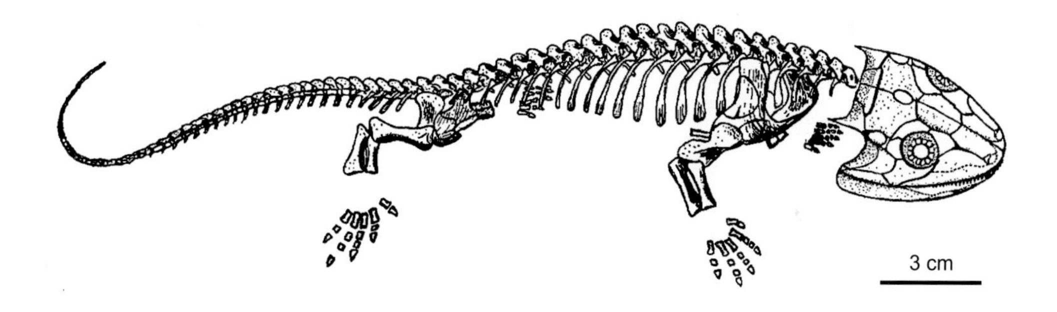

图 3　二叠纪的石炭蜥目成员——乌鲁木齐鲵（*Urumqia*）的骨骼复原图（引自张法奎等，1984）

壳椎类因保留脊索，椎体（由脊索周围的结缔组织直接骨化而成）呈壳状而得名。头骨无耳凹，牙齿锥状、中空、无迷路构造，体型多样，四肢细弱或退化，身体多小型，水生。它们生存于早石炭世至早二叠世，是古生代特有的两栖类，从早期的四足动物中演化出来。主要分为三个目：鳞鲵目（Microsauria）、游螈目（Nectridea）和缺肢目（Aistopoda）。捷克晚石炭世的小肢鲵（*Microbrachis*，图 4）就是鳞鲵目的代表。壳椎类仅分布于欧洲、北美和北非。我国缺少该类群的代表。

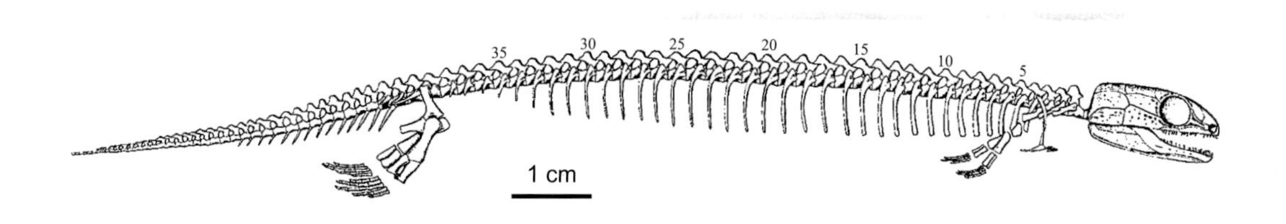

图 4　石炭纪的壳椎亚纲成员——小肢鲵（*Microbrachis*）的骨骼复原图（引自 Carroll et al., 1998）

滑体两栖类因皮肤腺体发育、体表无鳞甲覆盖而得名，包括所有现生两栖动物以及与它们亲缘关系密切的化石类型。牙齿为基座型齿（牙齿着生在一个基座上），一般体型小，头扁平；生存于早三叠世至今。滑体两栖亚纲可以下分为原无尾目（Proanura）、无尾目（Anura，俗称蛙类）、有尾目（Urodela，俗称蝾螈类）、无足目（Apoda，又称蚓螈类）和异螈目（Allocaudata）五个目。原无尾目只有两个化石代表，分别是马达加斯加的三叠蟾（*Triadobatrachus*，图 5）和波兰的查特克蟾（*Czatkobatrachus*），它们都生活在早三叠世，具有十分原始的特征（如荐前椎数目较多、具有尾椎而非尾杆骨）。

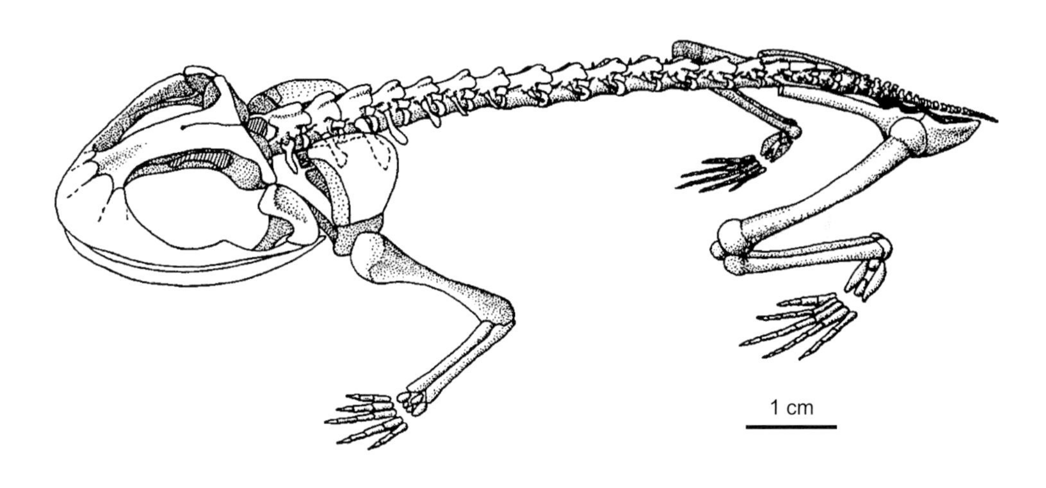

图 5　三叠纪的原无尾目成员——三叠蟾（*Triadobatrachus*）骨骼复原图
（引自 Roček et Rage, 2000a）

无尾目、有尾目和无足目均有现生代表。其中无尾类为全球分布，已知最早代表为美国早侏罗世的前跳蟾（*Prosalirus*，图 6）。有尾目主要分布在北半球，最早代表为英国中侏罗世的大理石螈（*Marmorerpeton*）和吉尔吉斯斯坦中侏罗世的柯卡特螈（*Kokartus*），但这两种有尾类的化石材料都较零散。哈萨克斯坦中 / 晚侏罗世的卡拉螈（*Karaurus*，图 7）则保存了较完整的骨骼，但目前仅发现了一件标本。我国内蒙古、辽宁和河北中 / 晚侏罗世的初螈（*Chunerpeton*，图 8）则不仅数量大（有数百件标本），而且化石保存好，有的还保存了外鳃（external gill）的印痕（图 9）。

无足目主要分布在热带地区，最早代表为美国早侏罗世的曙蚓螈（*Eocaecilia*，图 10），我国缺少无足目的化石。除了有现生代表的三大类滑体两栖动物，以及特征原始的原无尾类，还有一类已经灭绝的外形类似蝾螈的动物——阿尔班螈类（albanerpetontids）被认为是滑体两栖类的第五个类群，有学者将其单独命名为异螈目（Allocaudata）。它们生存于中侏罗世至中新世，化石见于欧洲、北美和中亚。西班牙早

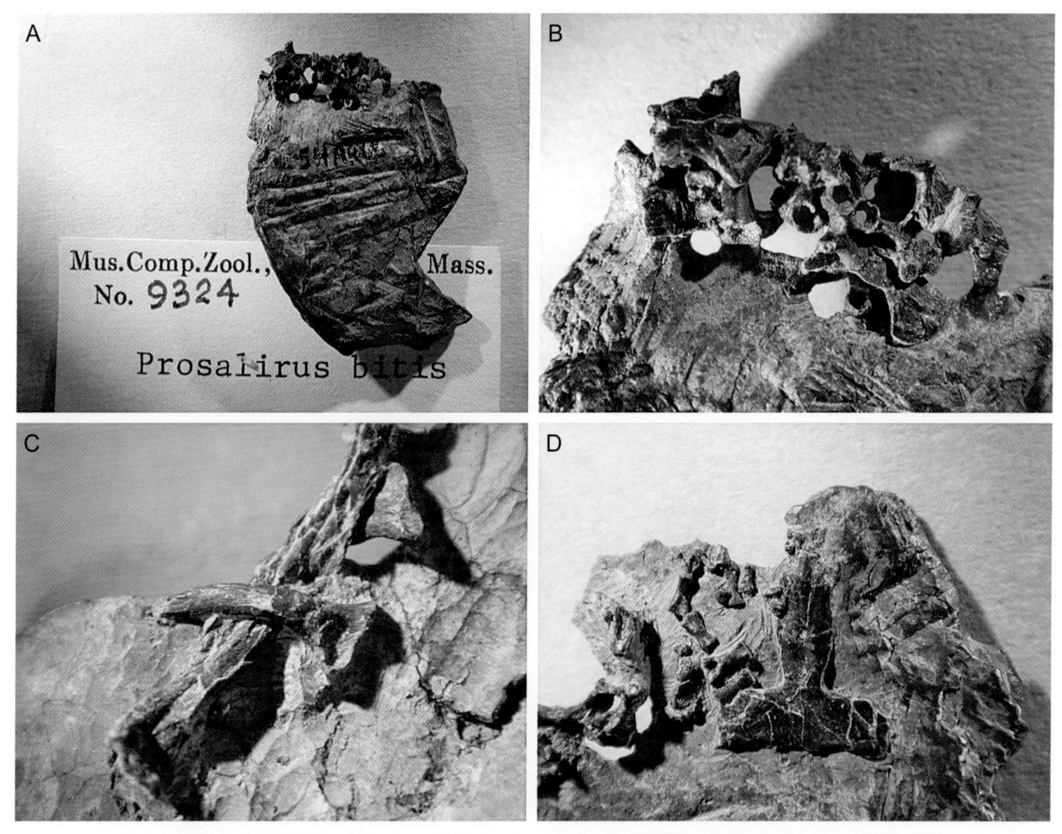

图 6　侏罗纪的无尾目成员——前跳蟾（*Prosalirus*）的零散骨骼化石（Z. Roček 摄）

图 7　侏罗纪的有尾目成员——卡拉螈（*Karaurus*）的较完整骨骼化石（Z. Roček 摄）

图 8　侏罗纪的有尾目成员——初螈（*Chunerpeton*）的较完整骨骼化石（王原 摄）

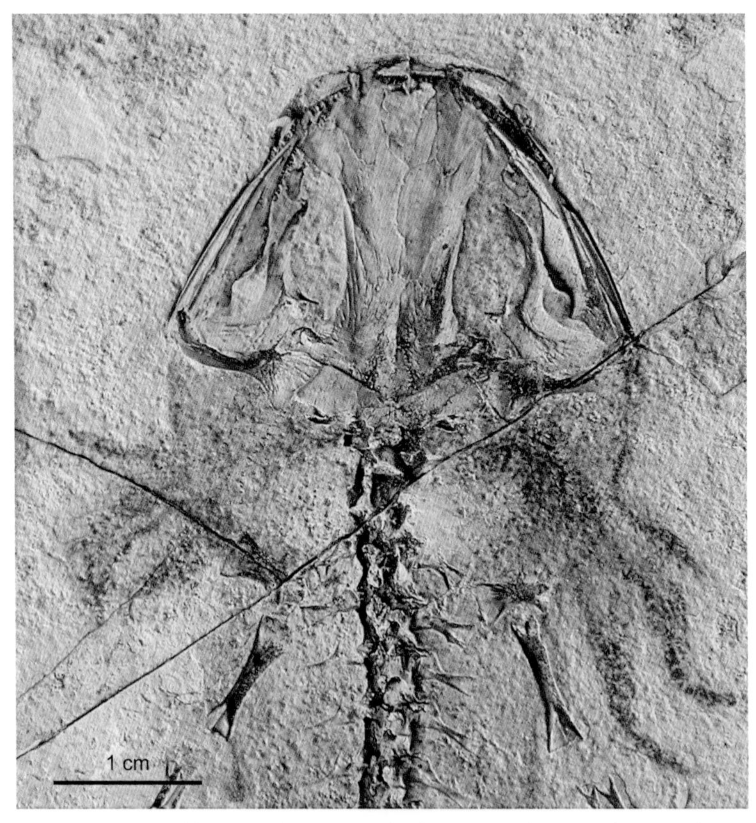

图 9　侏罗纪的有尾目成员——初螈的头骨及外鳃印痕（王原 摄）

白垩世的凿齿螈（*Celtedens*，图 11）就是其中的代表。奇怪的是，同处北半球的中国目前还未发现异螈目的代表，也许今后深入的工作能有新的突破。

根据世界著名的两栖动物网站——美国加州大学伯克利分校的 AmphibiaWeb 网络版（http://amphibiaweb.org/）的最新统计（截至 2013 年 10 月 28 日），现生两栖动物有 7196 种，其中 6342 种属于蛙类（约占总数的 88.13%）。蛙类的变态过程最显著，种类又多，难怪以它们的特征命名了“两栖类”。655 种属于蝾螈类（占 9.1%），蚓螈类只有 199 种

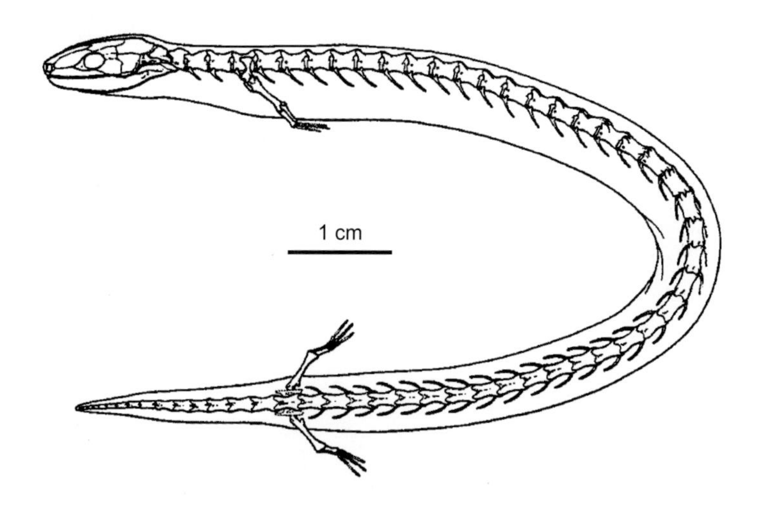

图 10　侏罗纪的无足目成员——曙蚓螈（*Eocaecilia*）的骨骼复原图（引自 Carroll, 2000a）

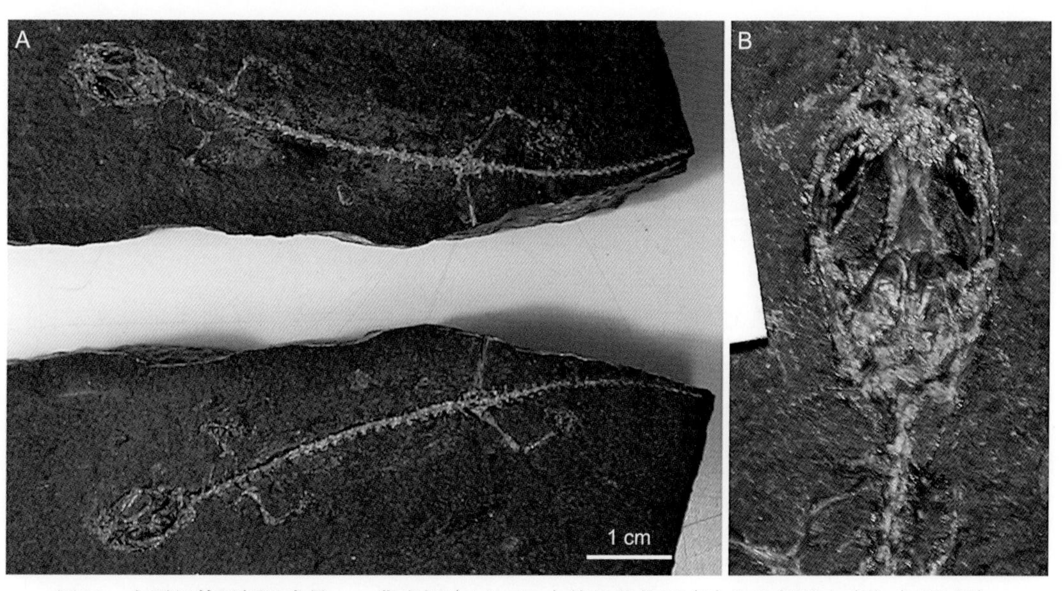

图 11　白垩纪的异螈目成员——凿齿螈（*Celtedens*）的骨骼化石（A）和头部放大（B）（王原 摄）

（占 2.77%）。现生两栖类生活在除南极洲以外的各大洲，大多用肺呼吸。有的种类用皮肤呼吸或终生用鳃呼吸，如美西螈（*Ambystoma mexicanum*）。美西螈属于钝口螈的一种，俗称“六角恐龙”，常见于宠物市场，指的就是它们有用于呼吸的三对外鳃（图 12），好像从头部向后长着的六只角。现生两栖动物的卵没有硬质的卵壳，大多产在水里或其他潮湿的环境。由于皮肤的通透性，它们不能生活在盐分大的环境中，所以在海水中和较小的海岛上一般没有两栖类［也有例外，如生活在海边红树林中的食蟹蛙（*Fejervarya*

图 12　现生的有尾目成员——美西螈（*Ambystoma mexicanum*）（王原 摄）
图中可见美西螈红色的外鳃

cancrivora），又称“海蛙”、“海陆蛙”，具有较强的耐盐性］。这些动物身体变温，多以冬眠的方式度过寒冷季节。

滑体两栖动物的骨骼十分细弱，并且它们大多生活在温暖潮湿的环境中，一旦死去，尸骨就会很快地腐烂，所以很难保存为化石。西班牙自然科学国家博物馆的 Lisanfos KMS 网站（http://www.lisanfos.mncn.csic.es/）统计了全世界滑体两栖类化石的数据。根据其最新资料，滑体两栖类化石可以归入 5 目（原无尾目、无尾目、有尾目、无足目、异螈目），55 科，287 属，637 种（Martín et Sanchiz, 2012）。因此已知化石种数不到现生种数的十分之一。

三、两栖动物的起源

本书使用的是广义的“两栖动物”的概念，所以“两栖动物”（“两栖超纲”）的起源也即四足动物的起源。化石材料显示，四足动物起源于泥盆纪的肉鳍鱼类。现生肉鳍鱼类包括 1 属（拉蒂迈鱼属 *Latimeria*）2 种总鳍鱼，以及 3 属 6 种肺鱼（美洲的泥鳗属 *Lepidosiren* 下含 1 种，非洲的肺鱼属 *Protopterus* 下含 4 种，澳大利亚的新角齿鱼属 *Neoceratodus* 下含 1 种）。过去认为拉蒂迈鱼的骨骼形态更接近现生两栖类，但新的系统发育学研究显示，肺鱼与现生两栖类的关系近于拉蒂迈鱼（图 13；Yu et al., 2010）。

从化石肉鳍鱼类到早期四足动物的转变过程随着过去 20 年间化石的发现而逐渐变得清晰。所有原始四足动物中重要的头骨骨片都可以在中 / 晚泥盆世的肉鳍鱼类中见到，

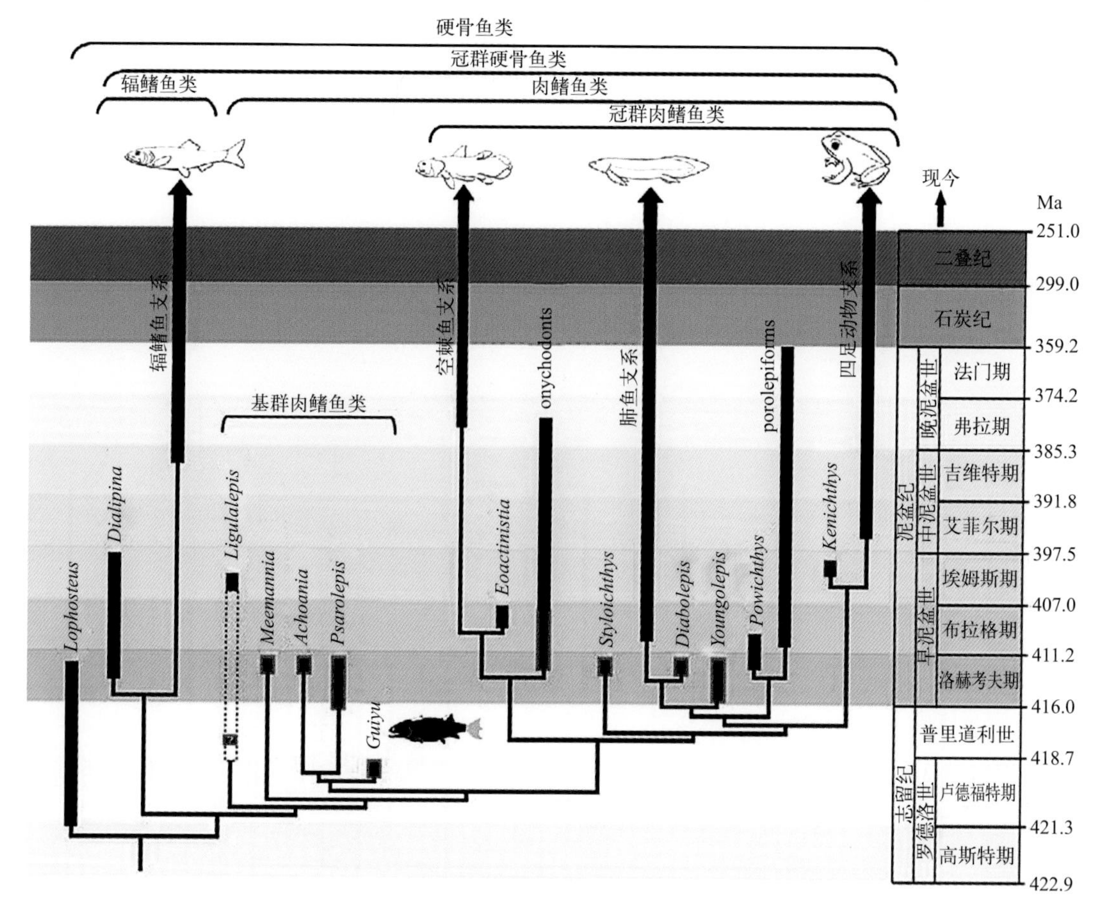

图 13 硬骨鱼的系统发育关系图（引自 Yu et al., 2010）

图中加红框的类元为来自中国的肉鳍鱼化石，它们显示我国南方曾经是肉鳍鱼起源和早期演化中心。该图同时显示现生肺鱼类与四足类的亲缘关系近于现生总鳍鱼类

但真掌鳍鱼（*Eusthenopteron*）和潘氏鱼（*Panderichthys*）的体型，以及其偶鳍和尾鳍形态显示它们还只能适应于水中生活，尽管这些鱼可能已经可以在空气中呼吸（Carroll, 2009）。更为原始的生活于早泥盆世的肯氏鱼（*Kenichthys*）曾被认为是最早的四足型动物（Tetrapodomorpha）的代表。Zhu 和 Ahlberg（2004）在肯氏鱼中发现了由肉鳍鱼的后外鼻孔向内鼻孔转换的过程的可靠证据，进一步显示了从鱼到四足动物演化过程中的一个重要的结构转变。

Lu 等（2012）最新报道了产自云南早泥盆世的东生鱼（*Tungsenia*），其比肯氏鱼更靠近四足型动物支系的基部。值得注意的是，他们将四足动物的定义扩大，将过去归于四足型动物的肉鳍鱼类，如肯氏鱼、骨鳞鱼（*Osteolepis*）、真掌鳍鱼（*Eusthenopteron*）、潘氏鱼、提克塔里克鱼（*Tiktaalik*）等均归入四足动物，称其为“鱼形基干四足类”（fish-like stem tetrapods），或“具有鳍的四足类”（finned tetrapods），因而东生鱼也成为世界最原始的四足类，进一步填补了肺鱼类与基干四足类之间的演化空白。他们的系统发育研究揭示了从东生鱼、肯氏鱼、骨鳞鱼、真掌鳍鱼、潘氏鱼、提克塔里克鱼等进步的肉鳍鱼类（又称“具有鳍的四足动物”）逐渐接近“具有四肢的四足动物”（limbed tetrapods）——鱼石螈、棘石螈的系统演化过程（图14）。另外，根据Niedźwiedzki等（2010）发表的波兰中泥盆世早期的四足动物的足迹化石推测，具有四肢的四足动物的第一次演化分异可能就发生在这个时期。

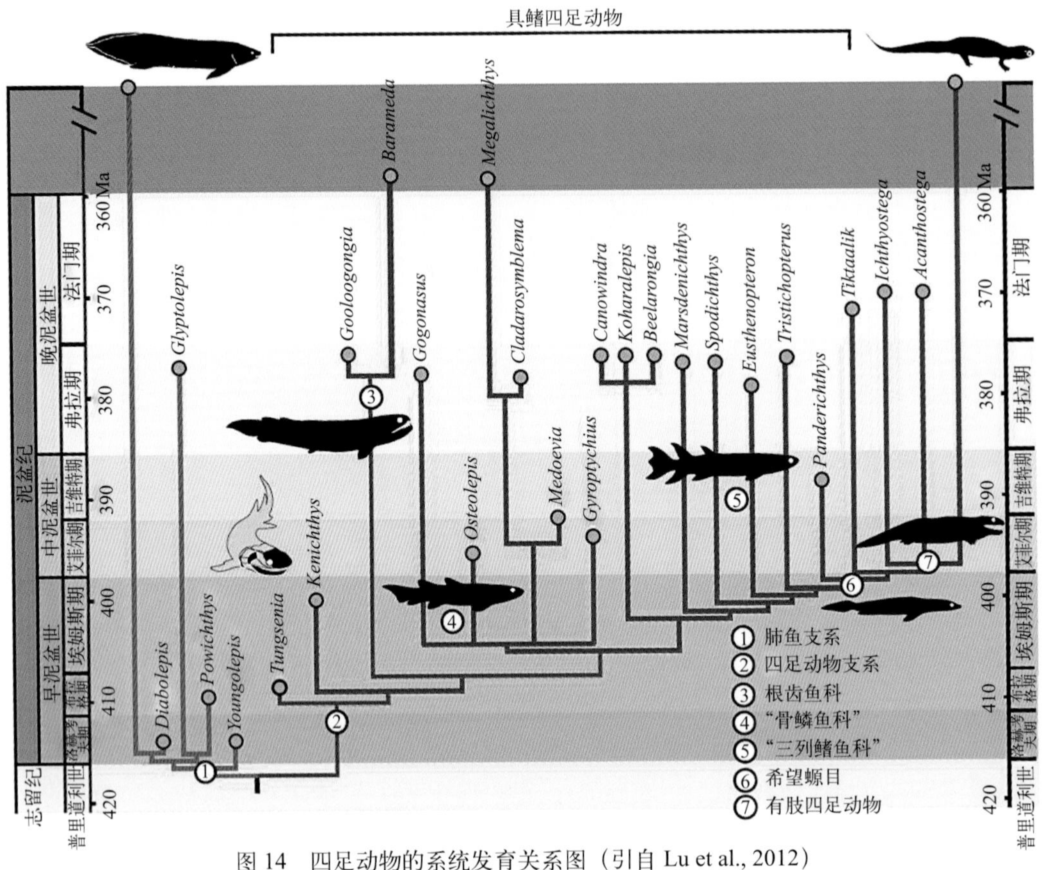

图14 四足动物的系统发育关系图（引自 Lu et al., 2012）

该图显示东生鱼是已知最基干的四足动物

发现于格陵兰晚泥盆世晚期的鱼石螈和棘石螈都具有四肢部位的化石，显示它们具有多趾型的四肢（鱼石螈后肢7趾，棘石螈后肢8趾），所以它们是典型的具有四肢的四足动物。发现于晚泥盆世早期的苏格兰的埃尔金螈（*Elginerpeton*）、拉脱维亚的奥氏螈（*Obruchevichthys*）和爱沙尼亚的利沃尼亚螈（*Livoniana*）等虽然没有四肢化石，但系统发育学研究显示，它们可能代表已知最早的具有四肢的四足动物。如此推测，从肉鳍鱼类向四足动物转化的时间很可能发生在中泥盆世，然而确定具体的演化地点还有待更多化石证据的支持（Clack, 2012）。

关于现生两栖类的起源，也即滑体两栖类的起源，目前有三种假说：第一种和第二种假说都认为是单系起源的，其中第一种认为是单系起源于“离片椎类”（Bolt, 1991; Trueb et Cloutier, 1991; Ruta et al., 2003; Ruta et Coates, 2007; Sigurdsen et Green, 2011），而第二种认为是单系起源于壳椎类（Laurin, 1998a; Marjanović et Laurin, 2009）；也有学者支持第三种假说，即多系起源说，他们认为无尾目和有尾目起源于“离片椎类”，而无足目起源于壳椎类（Carroll et Currie, 1975; Carroll, 2000b, 2004, 2007）。最后一种观点或许得到了一件新化石发现的支持：Anderson 等（2008）研究的采自美国得克萨斯州下二叠统的 *Gerobatrachus*，被认为是一种基干蛙形类（蛙形类 batrachians，包括无尾类和有尾类），而蛙形类起源于“离片椎类”中，无足类起源于壳椎类中。然而，基于多位点数据（multiple-locus data）的最新分子生物学研究显示，现生两栖类的起源更可能是上述两种单系起源说中的一种（San Mauro, 2010）。Sigurdsen 和 Green（2011）综合分析了上述三种假说的主要研究论文和数据，经过订正过去分析中的错误，得出结论支持第一种假说。本书也认为滑体两栖类单系起源于“离片椎类”的结论更为可靠。

四、两栖类分类学研究历史和现状

如前文所述，对现生两栖类的分类没有任何疑义。但化石类群的加入，使“两栖类”（广义）的分类产生了问题，尤其是在分支系统学理论下，以亲缘关系密切的单系类群为分类基础，很多传统的类群被认定为并系（paraphyletic）或多系（polyphyletic）类群，按此原理应当被抛弃，这样产生的新的分类结果对原有分类产生了较大冲击。这其中也有试图调和两种分类的尝试。这里简单回顾一下两栖类的主要分类方案。

Romer 在其《Vertebrate Paleontology》（第二版，1945 年）一书中，将两栖纲（Class Amphibia）分为弓椎亚纲（Subclass Apsidospondyli）和壳椎亚纲（Subclass Lepospondyli），前者包括迷齿超目（Superorder Labyrinthodontia）和跳行超目（Superorder Salientia），其中跳行超目中包含了现生无尾类。壳椎亚纲包括有尾类、无足类等现生两栖类类群，以及传统的壳椎类成员（缺肢类、鳞鲵类、游螈类）。这一方案也将鱼石螈类作为两栖纲中的一个目，归入了两栖类。根据这一分类方案，滑体两栖类起源于不同的类群，为多系起源。其方案如下：

两栖纲 Class Amphibia
　弓椎亚纲 Subclass Apsidospondyli
　　迷齿超目 Superorder Labyrinthodontia
　　　鱼石螈目 Order Ichthyostegalia
　　　块椎目 Order Rhachitomi
　　　全椎目 Order Stereospondyli
　　　楔椎目（始椎目） Order Embolomeri

西蒙龙型目 Order Seymouriamorpha

跳行超目 Superorder Salientia

始无尾目 Order Eoanura

原无尾目 Order Proanura

无尾目 Order Anura

壳椎亚纲 Subclass Lepospondyli

缺肢目 Order Aistopoda

游螈目 Order Nectridea

鳞鲵目 Order Microsauria

有尾目 Order Urodela

无足目（蚓螈目） Order Apoda (Gymnophiona)

Romer 在其《Vertebrate Paleontology》（第三版，1966 年）中，对两栖类的分类进行了修订。他将两栖纲分为三个亚纲，迷齿亚纲、壳椎亚纲和滑体两栖亚纲。这个分类方案也一直作为传统分类方案而被学界广为接受。但此时特征奇特的阿尔班螈类化石还未被发现，所以他的方案没有包括这类动物。其具体方案如下：

两栖纲 Class Amphibia

迷齿亚纲 Subclass Labyrinthodontia

鱼石螈目 Order Ichthyostegalia

离片椎目 Order Temnospondyli

块椎亚目 Suborder Rhachitomi

全椎亚目 Suborder Stereospondyli

阔头鲵亚目 Suborder Plagiosauria

石炭蜥目 Order Anthracosauria

裂螈亚目 Suborder Schizomeri

双椎螈亚目 Suborder Diplomeri

楔椎亚目（始椎亚目） Suborder Embolomeri

西蒙龙型亚目 Suborder Seymouriamorpha

壳椎亚纲 Subclass Lepospondyli

滑体两栖亚纲 Subclass Lissamphibia

跳行超目 Superorder Salientia

原无尾目 Order Proanura

无尾目 Order Anura

有尾超目 Superorder Caudata

Carroll（1988）的《Vertebrate Paleontology and Evolution》一书，在正文和附录中都提到了两栖动物的概念和分类，但似乎并不一致。在正文中，他认为两栖动物包括两个差异显著的四足动物类群："现生蛙类、蝾螈类、蚓螈类与它们的晚中生代和新生代祖先"，以及"一个更为多样化的从晚泥盆世至早中生代的组合"。他称前者为"现代两栖类"（modern amphibians），但没有使用"Lissamphibia"一词，同时认为现生蛙类、蝾螈类、蚓螈类各自起源于不同的古生代两栖动物类群；后者包括迷齿类、壳椎类等类群，且壳椎类的不同类群也是各自起源于迷齿类的不同类群。这反映了"多系起源说"的观点。然而在附录提供的脊椎动物分类方案中，Carroll（1988）的两栖纲只包括迷齿亚纲，下辖鱼石螈目、离片椎目、石炭蜥目以及一个未定目；现代两栖类虽然以亚纲的级别出现，但没有使用Lissamphibia名称；而且，壳椎亚纲和现代两栖类各目，都与阔齿龙科（Diadectidae）一起，被归入了一个未定纲。其分类方案如下：

两栖纲 Class Amphibia
　迷齿亚纲 Subclass Labyrinthodontia
　　鱼石螈目 Order Ichthyostegalia
　　目未定 Order incertae sedis
　　　　厚蝌蚪螈属 *Crassigyrinus*
　　离片椎目 Order Temnospondyli
　　石炭蜥目 Order Anthracosauria
纲未定 Class incertae sedis
　　　阔齿龙科 Family Diadectidae
　壳椎亚纲 Subclass Lepospondyli
　　缺肢目 Order Aistopoda
　　鳞鲵目 Order Microsauria
　　弛顶螈目 Order Lysorophia
　　目未定 Order incertae sedis
　现代两栖类目级类元 Modern Amphibian Orders
　　蚓螈目 Order Gymnophiona
　　有尾目 Order Urodela
　　原无尾目？ ?Order Proanura
　　无尾目 Order Anura

Benton（2005）发表的《Vertebrate Paleontology》（第三版）中，对沿用多年的传统分类进行了较大调整，纳入了分支系统分类的概念。其中两栖纲（又称蛙型纲 Class

Batrachomorpha）包括非单系的“离片椎目”，以及从中演化出的单系的滑体两栖次亚纲（其中包括阿尔班螈类），而鱼石螈类以及其他一些原始的四足动物被排除出了两栖纲，直接归在四足超纲之下。与两栖纲相对应的，同在四足超纲之下的是一个未命名的纲，该纲包括壳椎超目和爬行型超目，并从后者演化出了羊膜动物。其分类如下：

四足超纲 Superclass Tetrapoda

鱼石螈科 †Family Ichthyostegidae

……

蛙型纲 / 两栖纲 Class Batrachomorpha/ Amphibia

“离片椎目” Order ‘Temnospondyli’

滑体两栖次亚纲 Infraclass Lissamphibia

阿尔班螈科 †Albanerpetontidae

蚓螈目 Order Gymnophiona

有尾目 Order Urodela

无尾目 Order Anura

未命名纲 Class Unnamed

壳椎超目 †Superorder Lepospondyli

鳞鲵目 Order Microsauria

游螈目 Order Nectridea

缺肢目 Order Aistopoda

爬行型超目 Superorder Reptiliomorpha

“石炭蜥目” †Order ‘Anthracosauria’

西蒙龙型目 †Order Seymouriamorpha

阔齿龙型目 †Order Diadectomorpha

羊膜动物系 Series Amniota

（† 代表已经灭绝的类群）

Pough 等（2009）在其《Vertebrate Life》（第八版）中，采用系统发育分析的方法，将四足类表示为：泥盆纪四足类 + 其他一些基干四足类（包括 Crassigyrinedae、Colosteidae、Baphetidae 等）+ 冠群四足类，其中冠群四足类（crown group tetrapods）包括“离片椎类”、起源未知的壳椎类以及爬行型类（reptiliomorphs）。Amphibia 则用于表示现生两栖类（蛙类、蝾螈类、蚓螈类），它们从离片椎类中演化出来。而爬行型类由“石炭蜥类”（“anthracosaurs”）、西蒙龙型类（seymouriamorphs）及其他更高级的羊膜动物构成。其分类采用系统发育的原理，对各分类单元没有给予纲、目、科等层级名称，将两栖类 Amphibia 一词专用于现生两栖类（即滑体两栖类）。可表示如下：

四足类 Tetrapods

基干四足类 Stem tetrapods

冠群四足类 Crown group tetrapods

蛙型类 Batrachomorphs

“离片椎类”“Temnospondyls”

滑体两栖类（两栖类）Lissamphibia (Amphibia)

壳椎类 Lepospondyls

爬行型类 Reptilomorphs

“石炭蜥类”“Anthracosaurs”

其他羊膜类 Other amniotes

本书采用的分类方案，与前述均有不同。其主要思路是综合传统分类与分支系统分类的方法，在尽量保留过去习惯使用且具有明确内涵的分类单元的同时，表现出各类群之间的系统演化关系。本分类中，在四足巨纲（Magnoclass Tetrapoda）之下，包括“两栖纲”（Class‘Amphibia’）和爬行型纲（Class Reptiliomorpha）两个纲，分别代表了四足动物的两个主要演化方向。“鱼石螈目”（Order ‘Ichthyostegalia’）独立于两纲之外。“两栖纲”等同于“蛙型纲”（Class ‘Batrachomorpha’），下辖“离片椎目”、壳椎亚纲和滑体两栖亚纲；爬行型纲只包括石炭蜥目。这与被广为接受的 Romer（1966）的分类基本方案相同，但剔除了争议较大的“迷齿亚纲”。从“离片椎目”中演化出了爬行型纲和滑体两栖亚纲，从石炭蜥目中演化出了羊膜超纲。本书也采用 Benton（2005）的方式，在部分分类单元之后标注演化关系（见下）。滑体两栖亚纲之下包括原无尾目、无尾目、有尾目、无足目和异螈目。具体分类方案如下：

四足巨纲 Magnoclass Tetrapoda

“鱼石螈目”Order‘Ichthyostegalia’

“两栖纲”Class‘Amphibia’=“蛙型纲”Class‘Batrachomorpha’

“离片椎目”Order‘Temnospondyli’（从此类群演化出 * 爬行型纲和 + 滑体两栖亚纲）

壳椎亚纲 Subclass Lepospondyli

+ 滑体两栖亚纲 Subclass Lissamphibia（冠群两栖类 Crown group amphibians）

原无尾目 Order Proanura

无尾目 Order Anura

有尾目 Order Urodela

无足目 Order Apoda

异螈目 Order Allocaudata

* 爬行型纲 Class Reptiliomorpha

石炭蜥目 Order Anthracosauria（从此类群演化出 @ 羊膜超纲）

@ 羊膜超纲 Superclass Amniota

（注：上面名单中加引号的分类单元代表非单系类群）

这个分类方案的特点是采用广义的“两栖类”的概念，即将现生和化石类型的全部非羊膜类四足动物（鱼石螈类和石炭蜥类除外），都归入“两栖纲”。从演化阶段来看，这符合两栖类的特点，即代表从鱼类到羊膜类四足动物，从适应于水生生活到真正适应于陆生生活的过渡阶段。其中的演化过程十分复杂：很多类群灭绝了，个别支系留下了现生的代表。向现生类群演化的过程中有两个主要方向，一是向保持这种过渡性特征的、种类上并不繁盛的现生两栖类（蛙类、蝾螈类、蚓螈类）演化，而另一个则是演化出更为分化的一支，即现生的羊膜动物（龟鳖类、喙头类、有鳞类、鳄类、鸟类、哺乳类），包括“爬行类”、鸟类和哺乳类。现生羊膜类也包括了重返水域和飞上天空的演化支系的代表。这一分类方案其实是一种调和型方案，即以分支系统学分类为基础，在表现亲缘关系的同时，尽量保留传统分类级别，但以引号体现其为非单系类群，使读者能较清晰地了解本书对“两栖类”现有分类的认识。从下文开始，除非特别说明，我们将使用广义的“两栖类”概念。

五、中国现生的两栖类

根据2006年科学出版社出版的《中国动物志 两栖纲》（上卷：总论、蚓螈目、有尾目）（费梁等编著）统计，我国有3目、11科（含10亚科）、59属（含9亚属）、325种（含18亚种）现生两栖动物，其中有尾类占42种，无足类只有1种（版纳鱼螈），其他均为无尾类（282种）。但美国自然历史博物馆Darrel Frost编撰的Amphibian Species of the World网络版（http://research.amnh.org/herpetology/amphibia/，截至2013年2月）的统计数字更为乐观，称中国有3目、12科（含8亚科），62属，440种现生两栖类（Frost, 2013）。主要的增量在无尾类中（含368种）。排除《中国动物志》资料截止日之后新属种增加的因素，网络版一般存在资料来源广而审核不严格、深入研究较弱的问题，所以不排除其中的部分属种可能是无效的命名。

在我国已知的三四百种现生两栖动物中，中国特有种（endemic species）约占总数的70%，形成了中国独特的两栖动物区系。这些特有种中就包括国家二级保护动物——著名的大鲵（*Andrias davidianus*），因为“声如小儿啼”（出自《尔雅》释鱼）而被民间俗称为“娃娃鱼”(其实它的叫声与“小儿啼”相差很多，为误读)。它是世界上现生最大的两栖动物，体长可超过 2 m，现分布于长江流域以及黄河、珠江中下游的支流中。它还是寿命最长的两栖动物之一，荷兰阿姆斯特丹动物园曾饲养过一尾大鲵，据称存活达55年之久。

六、中国化石两栖类的演化历史

尽管化石记录并不丰富，且其中也有一些未知原因的化石记录中断，但我们仍能大致了解两栖动物在中国的漫长演化历史。

从世界范围看，现生两栖动物的种类很少，仅占现生脊椎动物全部物种的十分之一左右。从地质历史的角度看，它们也没有特别繁盛的时期：最早的两栖类在泥盆纪晚期刚刚登陆后不久，最早的爬行动物——更加适应于陆地生活的羊膜类祖先就在石炭纪中期（也有人认为是早期）出现了。这让两栖类还没来得及充分繁盛起来，就已被后者压制；虽然石炭-二叠纪时期两栖类的种类较多，但比起早古生代“鱼类的时代”、中生代“恐龙的时代”、新生代“哺乳动物的时代”来说，两栖类远未达到统治地球，被称为某某时代之代表的地位。中国的两栖动物化石更是十分稀少，也因此十分珍贵，这与前面提到的两栖类骨骼特征、习性和生活环境有关。

化石少未必就容易研究，数量少再加上世界上绝大多数两栖类化石都比较残破，使骨骼解剖学和分类学工作困难重重，以至曾有学者把原始的两栖动物鉴定为鱼类，下面将会谈到。

1. 古生代两栖类

传统观点认为，最早的两栖类（也即最早的四足动物）出现在泥盆纪的最晚期法门期，包括著名的鱼石螈（*Ichthyostega*，1932年命名），以及后来发现的棘石螈（*Acanthostega*，1952年命名），生活时代约为3.65亿年前。化石发现于东格陵兰。20世纪90年代的研究显示它们其实并不太适应陆上的生活，其四肢主要用于划水和水底爬行。因而过去复原的鱼石螈在陆地上爬来爬去的图片，可能要被“前肢拖着身体和后肢，在陆地上只能笨拙爬行”的原始四足动物形象所取代。

1995年，苏格兰发现的埃尔金螈（*Elginerpeton*）打破了鱼石螈的最早纪录。它的化石发现于晚泥盆世早期——弗拉期的地层中，距今约3.75亿年。随后在拉脱维亚和爱沙尼亚发现了产出于弗拉期地层中的奥氏螈（*Obruchevichthys*）和利沃尼亚螈（*Livoniana*），也与埃尔金螈一样，成为世界已知最早四足类的代表。有趣的是，虽然早期的两栖动物大多生活在淡水环境中，但它们很快就“跨洋过海”散布到了当时的各块陆地，据此推测早期四足动物对咸水具有一定的生理适应度。到了泥盆纪末的法门期，早期四足动物已经遍布当时的各个主要陆块：已经研究命名的有海纳螈（*Hynerpeton*）（美国）、厚颌螈（*Densignathus*）（美国）、图拉螈（*Tulerpeton*）（俄罗斯）、雅库布森螈（*Jakubsonia*）

（俄罗斯）、文塔螈（*Ventastega*）（拉脱维亚）、中国螈（*Sinostega*）（中国）和变额螈（*Metaxygnathus*）（澳大利亚）等；另外，在西欧的比利时也发现了泥盆纪鱼石螈类的材料。原始四足类的全球分布也获得了四足动物足印化石的支持。足印化石被发现于澳大利亚、巴西、格陵兰、苏格兰、爱尔兰的中、晚泥盆世地层中。总体看，两栖类在中泥盆世，或者晚泥盆世弗拉期从肉鳍鱼中分化出来，泥盆纪末之前便分布到全球范围的热带、亚热带地区。而且它们更像是“长了腿的鱼”，即使不是完全水生，也是大部分时间生活在水中。

因为早期的四足动物与它们的肉鳍鱼类祖先形态十分相似，所以有不少化石材料起先被归入了鱼类，比如埃尔金螈、文塔螈和奥氏螈都曾被误认为是肉鳍鱼类的代表，后来深入的研究才发现它们其实是原始的四足动物。

我国宁夏中宁上泥盆统非海相地层中发现的中国螈是目前亚洲已知唯一的一种鱼石螈类，由朱敏等研究命名（Zhu et al., 2002）。化石材料为一件长约7 cm的不完整下颌支，十分不起眼。研究者也是在一大堆鱼骨片中发现了它，揭示了它那古老两栖类的本来面目。宁夏中宁地区当时位于靠近赤道的古陆块上，是组成中国华北古陆的一部分，地理上靠近冈瓦纳大陆的东缘。有趣的是，虽然与冈瓦纳大陆东缘的变额螈在地理上更近，但中国螈的特征却与远隔万里的格陵兰的棘石螈更为相似，这可能是因为华北古陆属于北方大陆，而冈瓦纳大陆是南方古陆。可以肯定的是，在最早的两栖类出现在地球上的时候，中国便有了其古老的代表，从而开启了两栖类在中国演化的漫长历史。

然而中国螈之后，两栖类在中国神秘地消失了，化石记录缺失了大约 1 亿年。直到中二叠世（大约 2.6 亿年前），两栖动物才再次出现在我国的北方。这究竟是因为化石采集不全，还是由于构造、成岩或古地理等方面因素造成的，现在还无法给出明确的答案。总之在古生代就要结束的时候，两栖类如同它们神秘的失踪一样，又突然出现了，化石发现于中国的新疆、甘肃与河南等地，在分类上属于两个大的门类：“离片椎类”和石炭蜥类。

二叠纪中晚期，我国华北和西北地区以陆相的河湖相为主。虽然间或有含煤沉积，但整体面貌是半干旱的内陆盆地或山间盆地状态。在新疆发现的乌鲁木齐鲵（*Urumqia*，张法奎等于 1984 年命名，属于西蒙龙型类盘蜥螈科）、甘肃西北部的泰齿螈（*Ingentidens*，李锦玲和程政武于 1999 年命名，属于迟滞鳄科）和兄弟迟滞螈（*Phratochronis*，李锦玲和程政武于 1999 年命名，属于迟滞鳄科），以及河南的疑似毕氏螈（*Bystrowiana*?，中国毕氏螈由杨钟健于 1979 年命名，属于西蒙龙型类）等都是石炭蜥目的代表。其中泰齿螈长有众多犬齿状的利齿，头长可以达到 30 cm，是一种较大型的食肉动物，是这一时期两栖类体态的代表。它同北美早二叠世的长脸螈（*Eryops*）一样，可能具有捕鱼的食性。迟滞鳄科动物在新疆的发现进一步证实该区与俄罗斯晚二叠世脊椎动物群具有密切的联系。同时期我国还出现了一些“离片椎类”两栖动物，以甘肃玉门的似卡玛螈

（*Anakamacops*，李锦玲和程政武于1999年命名，属于双顶螈科）为代表，它的头骨上有很多坑窝构造，类似现生的鳄类头骨，习性也与鳄类相似。此外，在河南济源也发现了破碎的“离片椎类”标本。总体看来，二叠纪中晚期我国的“两栖类”生活在较干燥的内陆环境，与它们伴生的有各种陆生的原始无孔类和基干下孔类。现生的龟鳖类可能由原始无孔类演化而来，而基干下孔类则是所谓的“似哺乳爬行动物”，包括人类在内的哺乳动物即自此演化而来。

2. 中生代两栖类

进入中生代后，我国的两栖动物迎来了一个重要变革的时期。首先是三叠纪半水生两栖类的大量出现，之后是侏罗 - 白垩纪开始出现现生两栖类的祖先类型的化石代表。

（1）古老型两栖类的演化

从早三叠世（距今约2.5亿–2.4亿年）开始，地球上出现了一大类半水生或水生的两栖动物，传统上统称为“大头鲵类”（capitosauroids）。虽然有学者提出乳齿鲵类（mastodonsauroids）是个先占名，应该取代前者，但“大头鲵类”的名字早已随着Romer等古脊椎动物学前辈学者的推广而扬名天下，想改过来已经很难了。

提到乳齿鲵，还有一个涉及两栖类命名的花絮。乳齿鲵（*Mastodonsaurus*）的化石最早发现于德国，1828年Jaeger命名了这种动物。但之后很多人把它的名字按照字面含义“Mastodon：乳齿象”、“saurus：蜥蜴”理解为“像乳齿象一样巨大的蜥蜴”。也难怪，这类动物的确十分巨大，光是头骨就接近1 m长。但通过查阅原始资料，Creisler（2002）指出这其实是个误解，mastos的本意是“乳头”，这个名字的正确翻译是“长着乳头状牙齿的蜥蜴”，后来的研究发现这是一种生长在水中的扁头两栖动物。本书也因此使用“乳齿鲵”的译名。Jaeger当时命名这种动物的时候，手中只有一颗巨大的牙齿（有11 cm长，至今仍是世界上最大的两栖动物牙齿），而这颗牙的尖端破损了，看起来像是哺乳动物乳头的形状，并因此得名。可以理解的是，乳齿象的得名也是因为这种象的臼齿上有很多乳头状的突起。两种动物的命名都与身体大小无关。

大头鲵类是“离片椎类”两栖动物中种类最丰富、分布最广的一个类群，这个类群还包括了世界两栖动物中唯一海生的种类：多洞鲵类（trematosaurids，也有译为“迷齿螈类”）。大头鲵类因为头相对较大而得名。它们见于北美洲、欧洲、亚洲、大洋洲和格陵兰岛，通常个体巨大，背腹方向扁，具有半水生乃至水生的生活习性。因为主要生存于三叠纪且全球分布，常用于全球三叠系陆相生物地层的对比。大头鲵类在分类上属于“离片椎类”中的全椎类，也就是说它们的脊椎椎体全部是由一块骨头（间椎体）构成。

我国最早的大头鲵类出现在山西府谷的下三叠统，材料很破碎，初步分析是属于较原始的大头鲵类——底栖鲵类（benthosuchids）。这类动物如其名称一样，具有底栖的习性。另外，在新疆吉木萨尔地区含水龙兽（*Lystrosaurus*，属兽孔目二齿兽类）动物群的下三叠统中，也发现了“大头鲵类”的下颌残段。这两个地方的材料代表我国已知最早的“大头鲵类”化石。

进入中三叠世（距今约 2.4 亿 – 2.3 亿年），我国北方的气候从干燥转为温湿，沉积仍以陆相的河湖相为主，发育在彼此隔离的内陆盆地中。在山西武乡发现了大头鲵类的真皮骨板、脊椎和头骨碎片。新疆吐鲁番盆地则发现有大型两栖动物耳曲鲵（*Parotosuchus*）的一个新种（吐鲁番耳曲鲵，杨钟健于 1966 年命名），但材料仅为两块头骨骨片，能否归入耳曲鲵类还存有疑问。这类动物体长可达 2 m，是当时凶猛的猎食者。它们高居食物链顶部没有什么天敌，加上泛大陆的存在，它们得以跨洲分布，化石出现在欧洲、俄罗斯、中亚、中国和非洲等许多地方。2007 年，它们的化石又在南极洲被发现，再一次证明了这类动物的广布性。

我国二叠纪、三叠纪的两栖类材料都是比较零散破碎的。直到 2005 年，才在湖北远安的中三叠统中发现了一个十分完整的头骨，这也是我国目前报道的唯一一个大头鲵类的完整头骨。刘俊和王原（Liu et Wang，2005）将其命名为宽头远安鲵（*Yuanansuchus laticeps*），意如其名，这个动物的头十分宽扁（头宽 31 cm，头长 26 cm）。远安鲵的化石发现在海相的风暴潮相沉积地层中，但它与同层位产出的典型陆生动物——后背具有低的背帆的双孔类初龙型爬行动物芙蓉龙（*Lotosaurus*）一样，并不是海生动物。它应该生活在近海的冲积扇（如河流三角洲）环境中，死亡后尸体经过短暂搬运被埋藏于海中。

新疆阜康上三叠统曾发现一些头骨碎片，拼接后鉴定为宽额鲵类（metoposaurids）的一个新属种：破碎博格达鲵（*Bogdania fragmenta*, 杨钟健 1978 年命名）。这个属名是以天山山脉东段的著名山峰博格达峰命名的。宽额鲵类体长可达 3 m，身体异常扁平，四肢弱小，推测是一类完全水生的两栖动物。但博格达鲵的材料过于破碎，不但缺少有效的属种鉴别特征，连能否归入宽额鲵类也还存有疑问。

三叠纪时，我国是“南海北陆”的古地理格局，北方基本为陆地，南方则被海水覆盖。因此我国这个时期的两栖类化石主要发现在北方也就不足为奇了。

到了侏罗纪，我国大部分地区海水退却，处于大陆环境，仅在华南和川滇藏区有部分为海洋。这时期的中国大陆上分布着许多大大小小的沉积盆地，其中东部的盆地受火山活动影响较大。云南禄丰在侏罗纪早期是个中小型盆地。前人在含恐龙的红层中发现了一串大头鲵类的脊椎骨，但由于材料太少，无法做属种鉴定。大型盆地的代表——四川盆地中，同样含恐龙化石的中侏罗统下沙溪庙组中产出了一件保存很好的“离片椎类”头骨化石，董枝明于 1985 年将其命名为扁头中国短头鲵（*Sinobrachyops placenticephalus*），它与蜀龙、气龙、酋龙、华阳龙等大大小小、种类各异的恐龙生活在一起。中国短头鲵的分类十分明确，它属于“离片椎目”全椎亚目的短头鲵科（Brachyopidae）。该科动物中等体型，头短而扁，眼大且位置靠前，上颌具有大牙，适于捕鱼。1985 年中国短头鲵被发现时，它的产出时代——中侏罗世使它成为世界已知“迷齿类”最晚的代表。现在这一纪录已经被产自澳大利亚早白垩世地层的库尔鲵（*Koolasuchus*，1997 年命名）打破。四川和新疆准噶尔盆地南部中 - 上侏罗统中发现了沙漠戈壁短头鲵（*Gobiops desertus*）的材料。它们与蒙古上侏罗统的材料同属种，反映了该时期两地古地理的连续性。另外，在新疆准噶尔盆地东部中侏罗统石树沟组下部也发现了短头鲵类的化石，包括脊椎、头骨、下颌等材料，虽然有过初步的报道，但详细研究还没有展开。总之，新疆与四川侏罗纪中期的“两栖类”是我国“迷齿类”的最晚代表。此后，古老型的两栖动物彻底退出了中国大陆，代之而起的是现生两栖类中的无尾类和有尾类。

（2）现代型两栖类的演化

无尾类的祖先类型原无尾类，早三叠世出现于非洲（马达加斯加的三叠蟾*Triadobatrachus*）和欧洲（波兰的查特克蟾*Czatkobatrachus*），但随后“沉寂”了5000万年，直到侏罗纪，真正的无尾类才在北美（美国早侏罗世前跳蟾*Prosalirus*）和南美（阿根廷早侏罗世的维尔蟾*Vieraella*以及中 - 晚侏罗世的南蟾*Notobatrachus*）现身。进入白垩纪后，无尾类的种类和数量都有了大幅增加，除了大洋洲和南极洲，它们已经到达世界各个大陆，亚洲见于蒙古、印度、中国和日本等地。

晚侏罗世至早白垩世是中国两栖动物演化的一个重要时间段，因为从这时开始，中国出现了现代两栖动物的代表：滑体两栖类。我国的滑体两栖类化石分为两大类：无尾类和有尾类。我国缺少无足类化石，推测是因为无足类种类和数量都非常少（我国现生的无足类也只有版纳鱼螈 *Ichthyophis bannanica* 一个种），也可能是因为其穴居的习性而难于保存为化石。

在 1998 年以前，我国发现的无尾类化石全部产自新生代地层。最早代表是山东山旺的玄武林蛙（*Rana basaltica*，过去翻译为玄武蛙）、大锄足蟾（*Macropelobates*）等，它们生活在距今 1600 万年的中新世中期。缺少中生代的种类曾使我国无尾类早期演化研究一度处于停滞状态。1998 年，中国第一种与恐龙共生的中生代无尾类葛氏辽蟾（*Liaobatrachus grabaui*，姬书安和季强命名）问世。但这件标本保存不完整，且论文发表在非古生物学专业刊物上，因而没能引起足够的重视。尽管如此，葛氏辽蟾无疑是我国当时已知唯一的中生代蛙类。无独有偶，一年过后，同产地的三燕丽蟾（*Callobatrachus sanyanensis*，王原和高克勤命名）被命名，标本也只有珍贵的一件。取“丽蟾”为其属名，是因为它保存了精美的、基本完整的化石骨骼。这种体长（吻臀距）94 mm 的原始无尾类与辽蟾一样，生活在早白垩世（约 1.25 亿年前）的辽宁北票地区。当时的辽西地区气候温和，植被繁茂，河湖纵横，并伴有强烈的火山活动。在火山活动形成的多个旋回火山岩层中，夹有若干层含丰富火山灰物质和化石的河湖相地层。也正是因为颗粒细微的火山灰的快速掩埋，形成特异的埋藏条件，得以保存十分精美的化石，包括完整的动物骨骼，羽毛和皮肤的清晰印痕。三燕丽蟾就生活在这样一种生机与危机并存的环境中，与它共生的有各类脊椎动物（鱼、龟、蜥蜴、翼龙、带毛和不带毛的恐龙、古老和进步的鸟类、能吃恐龙的哺乳动物等）、无脊椎动物（双壳类、昆虫、虾类等）和植物（蕨类、松柏，乃至能开花的被子植物等），它们被统称为“热河生物群”（Jehol Biota）。

除了丽蟾，早白垩世热河生物群的无尾类还包括中蟾（*Mesophryne*，高克勤和王原于 2001 年命名）、大连蟾（*Dalianbatrachus*，高春玲和刘金远 2004 年命名）、宜州蟾（*Yizhoubatrachus*，高克勤和陈水华 2004 年命名），以及一种长（音“cháng”）腿的未定名的进步型蛙类（王原等，2007 年描述）。但最新的研究（Dong et al., 2013）对上述中生代无尾类属种的正模进行了重新观察，并结合大量新材料的观察，将辽蟾、丽蟾、中蟾和宜州蟾归并为辽蟾属。其中“三燕丽蟾”应为葛氏辽蟾，“北票中蟾”和“孟蟾大连蟾”为北票辽蟾（*Liaobatrachus beipiaoensis*），“细瘦宜州蟾”应为细瘦辽蟾（*Liaobatrachus macilentus*）。另外还根据十多件三维立体保存的材料新命名了赵氏辽蟾（*Liaobatrachus zhaoi* Dong et al., 2013）。辽蟾属具有较大的额顶囟，单排犁骨齿的犁骨，V 形副舌骨，9 个双凹型椎体，单髁型尾杆骨，股骨与胫腓骨等长或稍长于胫腓骨等特征。骨骼形态的比较和系统发育学分析都认为辽蟾属于冠群无尾类（crown group anurans），与滑蹠蟾类（leiopelmatids）和其他冠群无尾类构成三分支。这一结果与先前的研究不同。先前的研究认为“丽蟾”属于盘舌蟾类（discoglossids），代表了世界已知最原始的盘舌蟾类；而中蟾、宜州蟾与古蛙亚目（Archaeobatrachia）是姐妹群（sister group）关系。

2004 年，内蒙古宁城道虎沟化石点一只“蝌蚪印痕”（tadpole imprint）化石的发现似乎将无尾类在我国的演化推前至侏罗纪（袁崇喜等，2004）。但最近的研究（黄迪颖，2013）显示，该“蝌蚪”实为蝉类昆虫化石。

比起无尾类的演化，中国有尾类的演化更显示出复杂性和多样性。世界最早的有尾类比最早的无尾类晚了很多，它们发现于英国和中亚吉尔吉斯斯坦的中侏罗统（大理石螈 *Marmorerpeton* 和柯卡特螈 *Kokartus*）。中 / 晚侏罗世时在我国出现了多种有尾类，而且化石数量大（上千件），代表有尾类在中国的一次重要的辐射演化事件。化石种类包括热河螈（*Jeholotriton*，王原 2000 年命名）、初螈（*Chunerpeton*，高克勤和 N. Shubin 于 2003 年命名）、胖螈（*Pangerpeton*，王原和 S. E. Evans 2006 年命名）、北燕螈（*Beiyanerpeton*，高克勤和 N. Shubin 2012 年命名），以及辽西螈的一个种——道虎沟辽西螈（*Liaoxitriton daohugouensis*，王原 2004 年命名）。其中热河螈、初螈和北燕螈的头后两侧各有三只外鳃，用于在水中呼吸，表明它们是终生生活在水中的有尾类（称为“幼态持续”现象）。胖螈是种有趣的动物，它的身长（吻臀距）只有不到 4 cm，荐前椎只有 14 枚（其他有尾类都是 15 枚或 15 枚以上），因而成为世界上身体最短的有尾类。正是由于脊椎短，头也短，身体横宽，像一个小胖子，它也因此而得名。与我国其他中生代有尾类的大量标本不同，目前仅发现了4件标本。热河螈和胖螈都是特征很原始的种类，处于有尾类演化树的基部，很可能是灭绝分支的代表。初螈则有现代的近亲，它与我国特有的珍稀野生动物——大鲵（*Andrias davidianus*，俗称娃娃鱼）同属于隐鳃鲵类（cryptobranchids），是大鲵的中生代祖先，因此也被称为“中生代的娃娃鱼”。但目前已知最大的初螈体长只有40多厘米，比起体长2 m的大鲵却是“小巫见大巫”了。初螈的分布较广，除了命名地内蒙古宁城县道虎沟村，它的化石还发现于辽宁凌源、建平、建昌，以及邻近的河北省青龙等地区，对划分对比这些地点的中生代地层有一定的意义。辽西螈也具有一定的生物地层学价值，该属目前有两个种，一个种发现于辽宁葫芦岛地区，另一个种发现在内蒙古宁城道虎沟，虽然不能对地层时代给出结论性的意见，但属级的相同已经显示出两地动物群具有一定的联系。上述这些有尾类都指示了一个重要的化石层位——道虎沟化石层（与前面提到的“蝌蚪”同层位）。不少学者认为该地点的层位为中侏罗统，也有上侏罗统和下白垩统的观点，但绝大多数学者认为道虎沟化石层属于侏罗系。该层位产出的化石动物群被统称为“燕辽动物群”（或“道虎沟动物群”）。其中的各种脊椎动物新发现十分惊人：包括世界最早的冠群有尾类（初螈）、世界最短身的化石有尾类（胖螈）、中国首只蛙嘴翼龙类（热河翼龙）、世界最早的长有羽毛的恐龙（耀龙和近鸟龙）、世界最早会飞行的哺乳动物（翔兽）等。由于燕辽生物群比热河生物群的时代更早，所以很多学者期待在这里找到更多关于脊椎动物不同类群起源的答案。

白垩纪地层中，我国的有尾类化石产自两个地点：辽宁葫芦岛和河北丰宁地区。前者产出了钟健辽西螈（*Liaoxitriton zhongjiani*，董枝明和王原1998年命名，种名献给我国古脊椎动物学之父杨钟健先生）；后者产出两个属：塘螈（*Laccotriton*，高克勤等1998年命名）和中华螈（*Sinerpeton*，高克勤和Shubin 2001年命名）。这三个属种都是小型的有尾类，辽西螈稍大些，全长15 cm左右，塘螈和中华螈体长都在10 cm左右。它们都是早白垩世热河生物群两栖类的代表，与我国现生的小鲵类具有较密切的亲缘关系。

上述我国中/晚侏罗世到早白垩世化石点产出的两栖类都以滑体两栖类为代表，反映了这些地点当时的环境比较温湿，适于蛙类和蝾螈类生存繁衍。另外频繁的火山活动所喷发的火山灰的快速掩埋，也在客观上为这些骨骼细弱的两栖类提供了良好的化石形成条件，因而得以保存很多完整的化石骨骼，这也是世界其他同时期两栖类所无法相比的。当然，这也造成了一些研究对比上的问题，主要是世界其他地点的化石多是零散骨骼，单独保存，与我国的化石骨架在形态比较上存在一定困难：比如完整骨骼可以数出荐前椎的数目，零散标本就失去了这个信息；但零散标本所包含的解剖学细节可能在相关联的骨骼上无法观察到，因为骨骼虽然完整，但无法从多个角度观察每一块骨头。尽管如此，我国侏罗-白垩纪的滑体两栖类化石无疑是世界古生物研究的一笔宝贵财富，为阐明这一时期两栖类的演化提供了重要的化石证据。

3. 新生代两栖类

新生代是两栖类演化的全新时期，以古老类型全部消失，现生类群（科一级的）大量出现为代表。但由于现生两栖类的骨骼特征以及生活环境限制，两栖类骨骼在非特异埋藏下很难保存成为化石。我国的新生代两栖类化石种类比中生代还要少。

早白垩世热河两栖类动物群（如上所述，已知包括 5 种蛙类和 3 种蝾螈类）繁盛期过后，我国出现了一次长达 1 亿年的两栖类化石记录间断，直到中新世中期（大约 1600 万年前），在现今山东临朐县的山旺村地区，出现了大量滑体两栖类。当时的临朐地区气候温暖，雨水丰沛，出现了一些大型的淡水湖泊，湖中硅藻发育，死亡后与其他沉积物一起形成了硅藻土页岩。这种页岩层薄如纸，稍加风化即层层翘起，如同书页，被古人形象地比喻为"万卷书"。大量的古生物化石蕴藏其中，包括鱼类、两栖类、爬行类、鸟类和哺乳类五大类的脊椎动物化石群，和以大量昆虫为代表的无脊椎动物化石群，以及以叶化石为主的植物化石群；标本藏量之丰富、保存之完整，为世界罕见。另外，地层中还产出硅藻化石和被子植物的花粉化石等很多微体化石。上述动植物化石群合称为"山旺生物群"(Shanwang Biota)。山旺生物群的两栖类种类较为丰富，先后建立的属种包括玄武林蛙（*Rana basaltica*，杨钟健 1936 年命名）、中新原螈（*Procynops miocenicus*，杨钟健 1965 年命名）、临朐蟾蜍（*Bufo linquensis*，杨钟健 1977 年命名）、强壮大锄足蟾（*Macropelobates cratus*，高克勤 1986 年命名）、临朐大锄足蟾（*Macropelobates linquensis*，Roček 等 2011 年建立的新组合）和山东蟾蜍（*Bufo shandongensis*，Roček 等 2011 年命名）。其中 1936 年杨钟健在对玄武林蛙描述命名的同时拉开了山旺生物群的研究序幕。从玄武林蛙这个名字可以了解到，该地区当时的火山活动十分频繁，在化石产地附近，就有喷发型火山岩——玄武岩所形成的棱柱状岩体。玄武林蛙还是我国现生蛙属的最早记录（林蛙属 *Rana*）。曾经建立的临朐蟾蜍和强壮大锄足蟾都是较大体型的无尾类，分别被归入蟾蜍科 (Bufonidae) 和锄足蟾科 (Pelobatidae)。中新原螈则是一种小型的有尾类，被认为属于蝾螈科 (Salamandridae) 的原始类型。

Roček 和王原等于 2011 年发表了关于山旺生物群无尾类再研究的综合报告。该论文建立了一个新种——山东蟾蜍（*Bufo shandongensis*），并认为强壮大锄足蟾为无效种，应建立新组合临朐大锄足蟾（*Macropelobates linquensis*），从而进一步厘清了对该无尾类动物群分类的认识。另外，在临朐山旺化石点及其邻近的昌乐地区还发现了大量蝌蚪化石。这是该两栖动物群的一个特色，该地区也是我国唯一确认产蝌蚪化石的地方。

从中新世晚期开始（距今约 1100 多万年前），我国北方地区气候转为干燥，出现了一种特别的地层沉积，称为"三趾马红土"（*Hipparion* red clay），以含有三趾马动物群的化石为特征。这个动物群一直延续到更新世的早期，分布在中国各地，化石以各类哺乳动物为主，其中也包括了一些两栖类标本。1924 年，德国古生物学家 M. Schlosser

报道了产自内蒙古化德地区晚中新世/早上新世的两栖类零散骨骼，有脊椎骨、带骨（连接四肢与脊柱的骨骼的统称）、各种肢骨等头后骨骼，从中鉴定出了一种有尾类：欧螈未定种（*Triturus* sp.）和无尾类蛙属的一个新种：三趾马蛙（*Rana hipparionum*），后者的种名就来自同层位的“三趾马动物群”。这两个属种代表了我国最早研究报道的化石两栖类，但遗憾的是，研究者没有提供任何鉴别特征，原始标本保存在瑞典乌普萨拉大学的博物馆中，有待于进一步的分类学研究。20 世纪 90 年代，我国古哺乳动物学者在这个地点又采集了大量两栖类的零散骨骼，是通过筛洗的方法从地层中获得的，标本现在中国科学院古脊椎动物与古人类研究所，希望后续的研究能揭开此地点两栖类演化的秘密。

另一个与三趾马动物群相关的两栖类化石是产自山西武乡榆社地区的榆社林蛙(*Rana yushensis*，刘玉海 1961 年命名)，目前仅有保存在正负面对开岩石上的一件骨骼标本，是 1955–1956 年的野外工作中采集的。榆社林蛙头长约 16 mm，是一种生活在早上新世的蛙类。根据动植物群面貌推测，它所生活时代的气候已经较为干冷。

进入更新世后，我国的两栖类化石就只集中到了一个地点：北京周口店“北京猿人”化石的发现地，中更新统的洞穴沉积中，时代为距今 70 万 – 40 万年。发现的两栖类散骨有上千件，都是通过筛选获得的，分类上都属于现生的种。1934 年卞美年做了初步的研究报道，认为包括蟾蜍科的两种：花背蟾蜍（*Bufo raddei*）和中华蟾蜍（*Bufo gargarizans*），以及蛙科的两个种：中亚林蛙（*Rana asiatica*）和黑斑蛙（*Rana nigromaculatus*），这些化石种类与它们的现生代表同域分布。周口店两栖类化石的大量发现与细致的发掘工作有很大关系。我国其他地点也可能有被遗漏的两栖类化石，如果学习古生物学前辈在周口店那样的工作态度和方法，应该会有更多的发现。

七、我国两栖类演化的主要特点

我国古两栖类的演化具有如下特点：

1）演化时间长：在地球上最早一批出现的“两栖类”中，就有我国的代表（潘氏中国螈）。“两栖类”在我国的演化时间漫长，已经有三亿六千多万年的历史。

2）化石类型比较齐全：“迷齿类”的三大类（“鱼石螈类”、“离片椎类”、石炭蜥类）都有代表，滑体两栖类以无尾类和有尾类为代表。

3）地质时代有间断：我国的石炭纪至早二叠世、晚白垩世至早中新世、晚上新世至早更新世、晚更新世至全新世都没有发现“两栖类”化石。尤其以第一段和第二段间断的时间最长，化石记录缺失均达 1 亿年。这种间断是由于化石未保存的原因还是演化的原因，目前还不清楚。

4）化石分布不均衡且与保存条件密切相关：古生代有 3 目 6 属 6 种，中生代有 3 目

14 属 19 种，新生代有 2 目 7 属 10 种（附表一）。而不像哺乳动物那样，新生代的化石种类远多于中生代的。另外，化石的富集主要受成岩作用和保存条件的控制，如我国辽宁、内蒙古和河北的燕辽生物群和热河生物群处于火山灰快速埋藏的特异条件下，而在山东山旺，火山活动为可溶性二氧化硅的形成提供了丰富的物质来源，形成特殊的硅藻土页岩。上述两种条件都利于两栖类化石的保存。

5）中生代存在明显的演化辐射时期：中 / 晚侏罗世至早白垩世是我国滑体两栖类演化的重要时期，涌现出大量类型，可能代表两次演化辐射时期（中 / 晚侏罗世和早白垩世）。中生代滑体两栖类中既有古老的已灭绝分支的代表（如辽蟾、热河螈），也有现代类型（科或亚目级别）的代表（如初螈、北燕螈）。

系 统 记 述

四足巨纲 Magnoclass TETRAPODA

“鱼石螈目” Order ‘ICHTHYOSTEGALIA’ Säve-Söderbergh, 1932

概述 已经灭绝的原始“两栖类”一目，代表最早的陆生脊椎动物。以鱼石螈（*Ichthyostega*）的名字命名此目。该目于泥盆纪中晚期从肉鳍鱼类中演化出来，多数种类于泥盆纪和石炭纪之交灭绝。从此目中演化出了“离片椎类”动物（Temnospondyli）。

定义与分类 生存于泥盆纪和石炭纪早期的原始基干型四足动物，包括传统意义的“两栖类”的最原始成员。至今该目包括鱼石螈（*Ichthyostega*）、棘石螈（*Acanthostega*）、埃尔金螈（*Elginerpeton*）、文塔螈（*Ventastega*）、奥氏螈（*Obruchevichthys*）、图拉螈（*Tulerpeton*）、变额螈（*Metaxygnathus*）、海纳螈（*Hynerpeton*）、厚颌螈（*Densignathus*）、雅库布森螈（*Jakubsonia*）、于默螈（*Ymeria*）以及我国的中国螈（*Sinostega*）等属。

形态特征 鱼石螈类的骨骼特征与其肉鳍鱼类祖先十分相似，如具有典型的迷路型牙齿。两者最大的区别在于鱼石螈为适应陆生环境而产生的骨骼上的逐步变化，如头骨与身体之间的活动更加灵活，头宽扁且坚固，吻部变长而耳枕区相对面部缩短，具有耳柱骨、更加强壮的中轴骨骼，肩带骨骼与头骨分离，发育的髂骨背突（dorsal protuberance of ilium）和荐椎横突等。早期四足动物的四肢常为多趾型（polydactylous），如已知鱼石螈后肢有7趾，棘石螈后肢有8趾，显示从鱼类的鱼鳍到四足动物的五趾型的骨骼变化。这类动物体长约1 m，外形更像鱼而非典型陆生脊椎动物。有学者认为其主要生存环境应为水中，用较强壮的前肢在水底爬行；虽然能到陆上活动，但行动较笨拙。

术语与测量方法 鱼石螈是化石标本保存最好的鱼石螈目动物，其主要头部骨骼包括（图15）：（背视）鼻间骨（internasal）、鼻骨（nasal）、额骨（frontal）、顶骨（parietal）、后顶骨（postparietal）、泪骨（lacrimal）、前额骨（prefrontal）、眶上骨（supraorbital）、后眶骨（postorbital）、上颞骨（supratemporal）、棒骨（tabular）、前颌骨（premaxillary）、间颌骨（septomaxillary）、上颌骨（maxillary）、轭骨（jugal）、鳞骨（squamosal）、方轭骨（quadratojugal）、前鳃盖骨（preopercular）等，头骨中部靠前有一对眼眶（orbit），中后部有一松果孔（pineal foramen），后部有一对耳凹（otic notch）；另有（腹视）

犁骨（vomer）、腭骨（palatine）、副蝶骨（parasphenoid）、翼骨（pterygoid）、外翼骨（ectopterygoid）等。腹面前部有一个腭窗（palatal fenestra）和内、外鼻孔（external/internal naris），后部有翼间窝（interpterygoid vacuity）；前颌骨、上颌骨、犁骨、腭骨、外翼骨等具齿。其下颌骨骼包括齿骨（dentary）、下齿骨（infradentary）、麦氏骨（Meckelian bone）、前冠状骨（anterior coronoid）、冠状骨（coronoid）、前关节骨（prearticular）等；在头骨和下颌骨表面有感觉沟（sensory canal）结构。主要头后骨骼包括中轴骨骼[块椎型脊椎（rhachitomous vertebra）、肋骨（rib）、（尾部具）鳍骨]、肩带骨骼[匙骨（cleithrum）、乌喙骨板（coracoid plate）、锁骨（clavicle）、间锁骨（interclavicle）]、腰带骨骼（具明显髂骨、耻骨和坐骨分区的单一骨骼）和不完全的肢骨等。

分布与时代 美国、中国、拉脱维亚、俄罗斯、比利时、澳大利亚等地，泥盆纪至石炭纪早期。原始四足动物的足印化石也被发现于澳大利亚、巴西、格陵兰、苏格兰、爱尔兰、波兰的中、晚泥盆世地层中，进一步验证了早期四足动物在泥盆纪的存在。

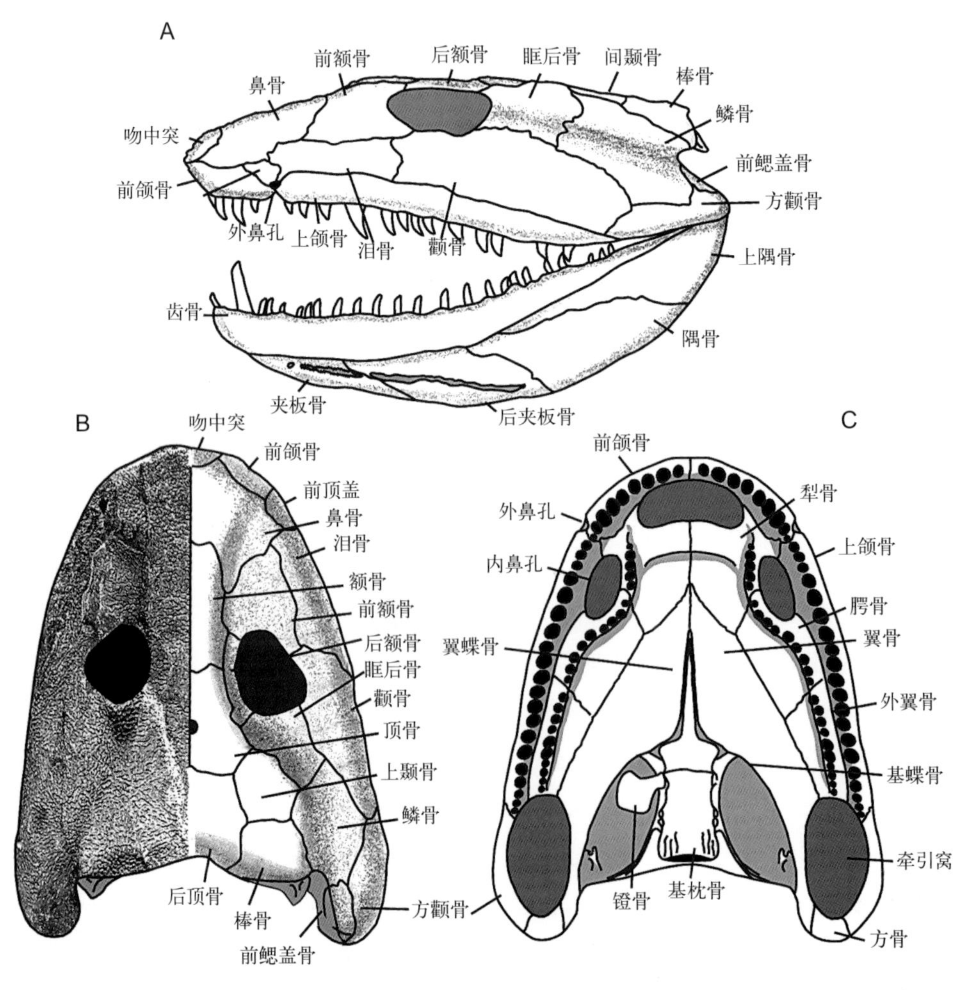

图 15　鱼石螈头骨的侧视（A）、背视（B）和腭视（C）复原图（引自 Clack，2012）

评注　鱼石螈类是早期四足动物的代表。因为早期的四足动物与它们的肉鳍鱼类祖先形态十分相似，所以有不少化石材料最初被归入了鱼类，比如埃尔金螈、文塔螈和奥氏螈等都曾被误认为是肉鳍鱼类的代表，后来深入的研究才发现它们其实是原始的四足动物。

过去一直认为鱼石螈类最早出现于晚泥盆世晚期，以格陵兰的鱼石螈和棘石螈为代表，但 20 世纪 90 年代中开始，在苏格兰、拉脱维亚等地相继发现了晚泥盆世早期弗拉期的埃尔金螈（*Elginerpeton*）和奥氏螈（*Obruchevichthys*），它们也因此成为世界已知最早的四足类代表。

“鱼石螈目”科未定 ‘Ichthyostegalia’ incertae familiae

中国螈属 Genus *Sinostega* Zhu et Ahlberg, 2002

模式种　潘氏中国螈 *Sinostega pani* Zhu et Ahlberg, 2002

鉴别特征　一基干型四足动物。下颌中部位于前关节骨和下齿骨（infradentary）（包括隅骨和后夹板骨）之间的麦氏软骨不骨化，前关节骨上具齿区域的前缘不如棘石螈（*Acanthostega*）中的位置靠前。

中国已知种　仅模式种。

分布与时代　宁夏，晚泥盆世。

评注　中国螈是我国乃至亚洲发现的首个鱼石螈类代表。它的发现将四足动物在我国的演化历史向前推进了 1 亿多年，而此前发现的最早代表是中二叠世（距今约 2.6 亿年）生活于甘肃的石炭蜥类和“离片椎类”动物。

潘氏中国螈 *Sinostega pani* Zhu et Ahlberg, 2002

（图 16）

正模　IVPP V 13576，一不完整的左下颌支，包括不完整的前关节骨、夹板骨和隅骨。产自宁夏中宁。

鉴别特征　同属。

产地与层位　宁夏中宁，上泥盆统上法门阶中宁组。

评注　潘氏中国螈是目前亚洲已知唯一的一种鱼石螈类，化石材料为一件长约7 cm的不完整下颌支。原文作者将其归入Tetrapoda而未进行目、科级的划分。本书将其列入广义的“两栖类”之下的“鱼石螈目”。与其伴生的还有大量植物化石，如斜方薄皮木、奇异亚鳞木等，以及盾皮鱼类桨鳞鱼、中华鱼和肉鳍鱼类等化石。潘氏中国螈生活时期的宁夏中宁地区，是靠近赤道的中国华北古陆的一部分，地理上靠近冈瓦纳大陆的东缘。值得一提的是，虽然与冈瓦纳大陆东缘的变额螈在地理上更近，但中国螈的特征却与远隔万里的格陵兰的棘石螈更为相似，这应是由华北古陆属于北方大陆，而冈瓦纳大陆是南方古陆的性质决定的。可以肯定的是，在最早的四足动物出现在地球上的时候，中国便有了其古老的代表，从而开启了两栖类在中国演化的漫长历史。

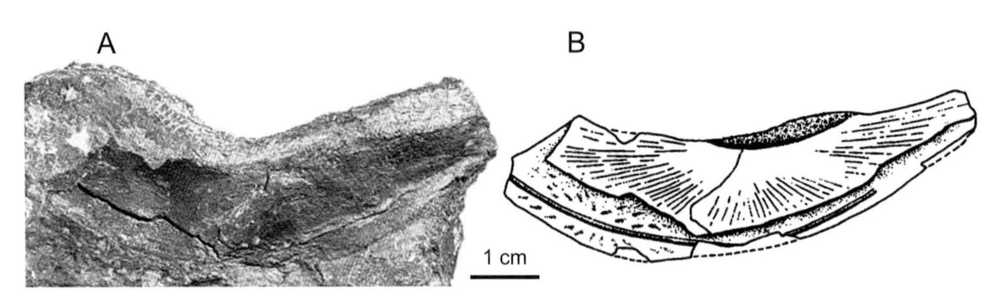

图 16　潘氏中国螈 *Sinostega pani* 正模（IVPP V 13576）下颌化石照片（A）和骨骼素描图（B）（素描图引自 Zhu et al., 2002）

“两栖纲” Class ‘AMPHIBIA’ Linnaeus, 1758

（=“蛙型纲” Class ‘BATRACHOMORPHA’ Säve-Söderbergh, 1934）

概述　脊椎动物亚门的一纲，是处于从水生到陆生过渡阶段的一类四足动物。头骨扁平、具两个枕髁，脊柱具一个荐椎。个体发育过程中一般经过变态过程：幼体多水栖，用鳃呼吸；成体一般用肺呼吸，多陆生。现生种类皮肤腺体发育，而缺少其他四足动物特征性的鳞片、羽毛和毛发等表皮结构；但早期化石种类体表常有坚厚骨板或皮膜、鳞片等，其头部真皮骨板尤其显著，因此也常被称为“坚头类”（或坚头目）。按传统分类两栖纲包括迷齿亚纲（Labyrinthodontia）、壳椎亚纲（Lepospondyli）和滑体两栖亚纲（Lissamphibia，又称无甲亚纲）；壳椎亚纲已灭绝，而从“迷齿亚纲”中演化出了更加适应于陆地生活的羊膜类动物（包括“爬行类”、鸟类和哺乳类）。但“迷齿亚纲”因为是个典型的并系类群（paraphyletic group），现在已基本弃用。

“离片椎目” Order ‘TEMNOSPONDYLI’ von Zittel, 1888

概述　原始“两栖类”一目，因椎体由腹面的间椎体（intercentrum）和背侧的侧椎体（pleurocentrum）多块成分构成而得名。包括“块椎类”（rachitomes）和全椎类

（stereospondyls）两亚目，前者具有大的间椎体和小的侧椎体，多陆生；后者只有间椎体，而侧椎体消失，多水生。该类动物生存于早石炭世至早白垩世，很多古生代和中生代早期的四足动物被归入此类；其繁盛时期在石炭纪、二叠纪和三叠纪，部分种类延续到白垩纪。全球分布。体型从小型（20 cm）到巨大（如已知最大的两栖类、产自巴西的锯齿螈*Prionosuchus*，其体长约 9 m），头骨多具纹饰，短吻至长吻。多数种类半水生至水生，也有一些完全陆生的代表。一般认为，“离片椎类”动物起源自“鱼石螈类”，而现生的两栖类则是从“离片椎类”中演化出来。

定义与分类　生存于石炭纪至白垩纪的原始“两栖动物”，因具有不是整块、而是分开的多块椎体而得名。Laurin（1998a）将“离片椎类”定义为：“一个基于干支（stem-based）的分类单元，包括与长脸螈（*Eryops*）的系统关系近于与羊膜卵类的所有脊索类动物”。“离片椎类”包括“块椎类”和全椎类两亚目，种类繁多，其下属的超科或科级别的分类单元有：Edopoidae（含 7 属）、Dendrerpetontidae（含 4 属）、Trimerorhachidae（含 5 属）、Dvinosauridae（含 1 属）、Eobrachyopidae（含 3 属）、Kourerpetidae（含 1 属）、Tupilakosauridae（含 4 属）、Amphibamidae（含 11 属）、Branchiosauridae（含 1 属）、双顶螈类 Dissorophidae（含 16 属）、Micromelerpetontidae（含 3 属）、Eryopidae（含 6 属）、Parioxyidae（含 1 属）、Zatrachydidae（含 3 属）、Actinodontidae（含 3 属）、Archegosauridae（含 7 属，包括已知最大的两栖类 *Prionosuchus*）、Intasuchidae（含 1 属）、Peltobatrachidae（含 1 属）、Lapillopsidae（含 3 属）、Rhinesuchidae（含 7 属）、Lydekkerinidae（含 9 属）、海勒鲵科 Heylerosauridae（含 4 属）、乳齿鲵科 Mastodonsauridae（含 18 属）、Sclerothoracidae（含 1 属）、多洞鲵超科 Trematosauroidea（含 25 属）、宽额鲵超科 Metoposauroidea（含 8 属）、Plagiosauroidea（含 6 属）、短头鲵超科 Brachyopoidea［含 19 属，包括已知最晚的“离片椎类”库尔鲵（*Koolasuchus*）］和 Rhytidosteoidea（含 11 属）。综上所述，“离片椎目”包括约 30 科，近 200 个属。我国“离片椎类”仅有二叠纪的双顶螈类［如似卡玛螈（*Anakamacops*）］、三叠纪的乳齿鲵类［如耳曲鲵（*Parotosuchus*）］和侏罗纪的短头鲵类［如中国短头鲵（*Sinobrachyops*）］等5科 5 属。

形态特征　多数离片椎动物体长大于现生两栖类，外表似鳄。其他一些小型种类外表似蝾螈。其半水生或水生的种类，四肢较弱小，前肢四趾，后肢五趾；而陆生类型四肢强壮，甚至具爪。“离片椎类”的多数骨骼与早期四足动物相似，少数种类也发育出一些不同的骨骼，如额间骨（interfrontal）、鼻间骨（internasal）、顶间骨（interparietal）等。多数具有宽扁的头骨，短吻或长吻。头骨表面多具有坑窝或棱脊形的纹饰，水生种类头骨上的感觉沟发育。多数“离片椎类”的头骨后部都具有显著的、独立于头骨之外的棒骨侧突（tabular horn），从后面包围耳凹。该类群最重要的一个特征是具有大的翼间窝（interpterygoid vacuity），这两个凹陷区域位于头骨腭面的中后部。另外有些

“离片椎类”具有大牙（tusk），如乳齿鲵的命名就是由于最早发现的大牙化石磨损后呈乳头状。

“离片椎类”的椎体由多块构成，分为块椎型和全椎型两种。前者具有大的马鞍型间椎体，以及小的嵌于间椎体之间的侧椎体，脊柱的支撑能力较强，多见于陆生种类；后者的侧椎体完全消失，脊柱支撑能力较弱，多数为水生种类。

早期“离片椎类”体表覆盖小型、紧密排列的鳞片，腹面为条状的腹面骨板。但晚期的半水生“离片椎类”如多洞鲵类（trematosaurs）、大头鲵类（capitosaurs）等无鳞片。有些种类的背部具骨板（Bolt, 1974）或埋入皮肤中的盘形骨质盾板。这些种类多为陆生型。

对“离片椎类”的软体组织了解甚少，2007 年在早石炭世 Mauch Chunk Formation 地层中曾发现躯体印痕，显示它们具有光滑的皮肤，强壮的具蹼足的四肢，以及腹面有一条皮肤褶（Stratton, 2007）。石炭 - 二叠纪的岩石中曾发现被认为是小型“离片椎类”的足迹化石，且多与淡水环境相关（Hunt et Lucas, 2005）。

术语与测量方法 “离片椎类”的主要头骨骨骼有（图 17）：（背视）前颌骨、鼻骨、额骨、顶骨（具松果孔）、后顶骨、上颌骨、泪骨、轭骨、前额骨、后额骨（postfrontal）、后眶骨、上颞骨、棒骨、方轭骨、鳞骨等，一般棒骨有一显著的侧突（tabular horn），从后侧包围一个明显的耳凹（otic notch）；头骨腹面的骨骼有：（腹视）犁骨、副蝶骨、腭骨、翼骨、外翼骨、耳柱骨、外枕骨（exoccipital）等；头骨背面可见位于中部的眼眶、以及泪骨折曲感觉沟（lacrimal flexure）、眶上感觉沟（supraorbital sensory canal）和枕感觉沟（occipital sensory canal）；腹面可见前端的犁骨褶（fodina vomeralis）、一对内鼻孔

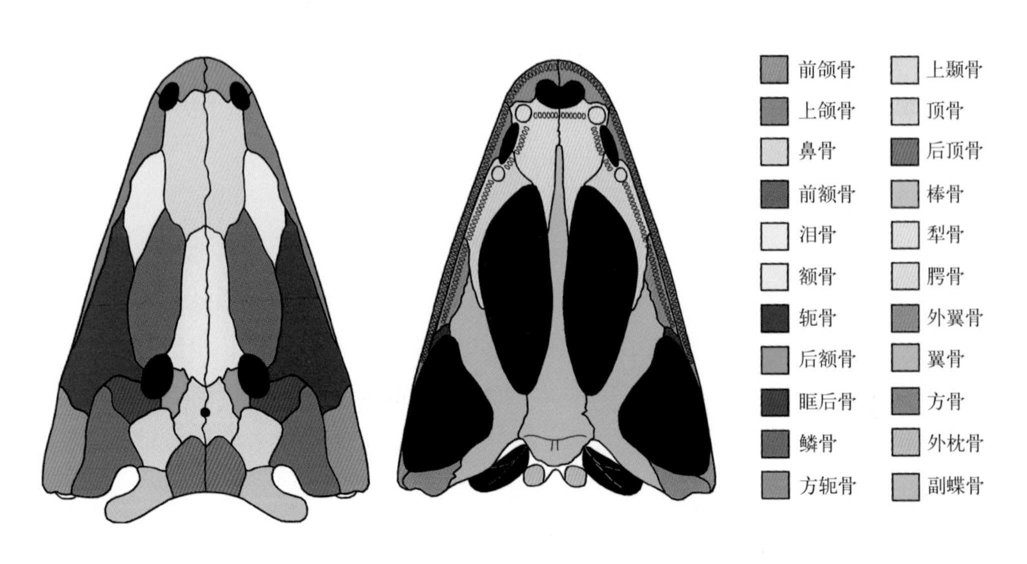

图 17 “离片椎类” *Xenotosuchus africanus* 的头骨骨骼示意图（引自 Damiani, 2008）

和头骨中部一对十分发育的翼间窝等。我国中三叠世的远安鲵保存了较好的头骨，请参考本书后面相关内容。

分布与时代 全球各大陆均有化石发现，石炭纪至白垩纪。

评注 关于“离片椎类”是否可以被称为两栖动物，不同学者有不同的观点。Laurin（1998a）认为“两栖类”(amphibians）这个名称应局限于现生两栖类及其最近的化石代表，即本书“滑体两栖类”(lissamphibians）所涵盖的范围，而“离片椎类”起源于更古老的早期四足动物，其绝大多数种类的形态特征与现生两栖类差别较大。Laurin（2011，图18）认为“离片椎类”与现生两栖类的亲缘关系，甚至远于羊膜类动物与现生两栖类的关系。

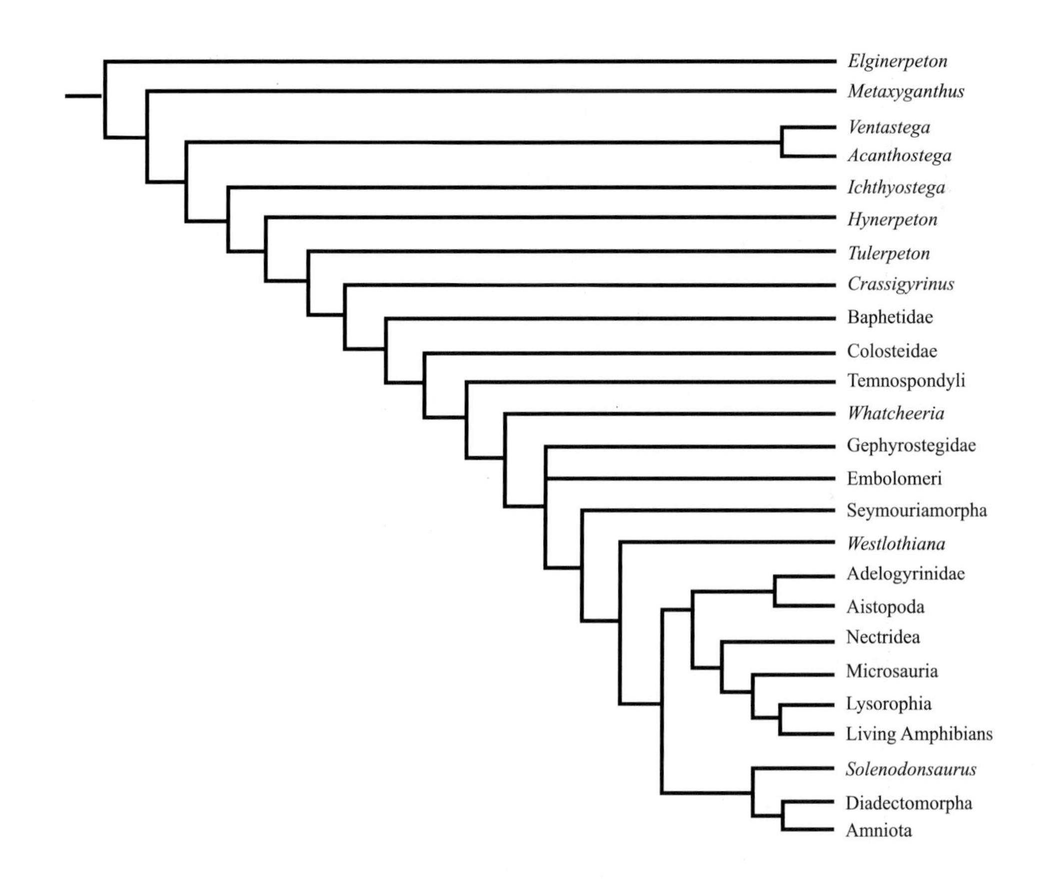

图 18 四足动物的系统发育图（引自 Laurin, 2011）

该图显示离片椎类（Temnospondyli）起源于早期四足类，其与现生两栖类的亲缘关系远于羊膜类；Laurin（2011）还认为两栖类（Amphibia）包括现生两栖类以及与其亲缘关系紧密的壳椎类

目前多数学者认为，滑体两栖类起源于“离片椎类”。Trueb 和 Cloutier（1991）进而论证，滑体两栖类是从“离片椎类”中的幼态持续种类鳃龙类（branchiosaurs）成员演化而来，而“鳃龙科”(‘Branchiosauridae’）显然是个并系类群（图19）。

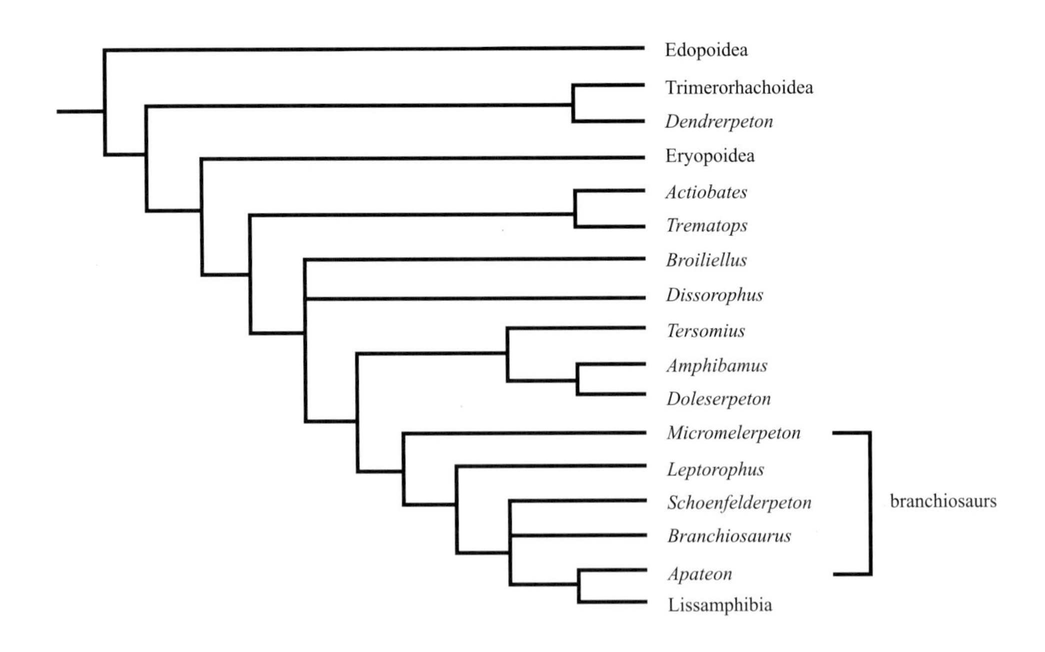

图 19 “离片椎类”的系统发育图（引自 Trueb et Cloutier, 1991）
该图显示滑体两栖类是从鳃龙类（branchiosaurs）成员演化而来

短头鲵超科 Superfamily Brachyopoidea Lydekker, 1885

短头鲵科 Family Brachyopidae Lydekker, 1885

概述 一类已经灭绝的“离片椎类”动物，因头骨短宽而得名。最早的代表 *Xenobrachyops* 出现于澳大利亚早三叠世。产自蒙古上侏罗统的戈壁短头鲵属（*Gobiops*）是该科已知最晚的代表。主要水生。该科与 Chigutisauridae 共同构成短头鲵超科（Brachyopoidea）。短头鲵超科的成员中有最晚的“离片椎类”代表［如澳大利亚早白垩世的库尔鲵（*Koolasuchus*）］，也包括世界已知第二大的两栖类（南非莱索托晚三叠世 / 早侏罗世一未命名的估测体长 7 m 的两栖类；Steyer et Damiani, 2005）。短头鲵科包括 *Banksiops*、*Batrachosaurus*、*Batrachosuchoides*、*Batrachosuchus*、*Blinasaurus*、*Brachyops*、*Gobiops*、*Hadrokkosaurus*、*Notobrachyops*、*Platycepsion*、*Sinobrachyops*、*Vanastega*、*Vigilius* 和 *Xenobrachyops* 等 10 余属。

鉴别特征 在全椎类（stereospondyls）中，短头鲵科的化石材料最少，大约只有15个经过描述的头骨，且只有4件标本有头后骨骼。早期成员具有块椎型椎体，但晚期为全椎型。该科典型特征是具有短而宽的头骨；深陷的感觉沟；颊部向腹面强烈扩展，形成一个很深的口腔（显示吞吸的取食方式）；下颌具有长的反关节突（retroarticular process），也显示该动物能快速张开上下颌，吞吸猎物；无耳凹。美国亚利桑那州的*Hadrokkosaurus*头骨长度约30 cm，而南非莱索托的颌骨碎片显示其动物头长可达1 m，身体长度可达7 m。短头鲵科与Chigutisauridae的主要区别在于后者保留一对耳凹，椎体块椎型，主要陆生。

中国已知属 戈壁短头鲵属（*Gobiops*）、中国短头鲵属（*Sinobrachyops*）。

分布与时代 印度、中亚、中国、澳大利亚、非洲、北美洲、欧洲东部等地，三叠纪至侏罗纪。

评注 Schoch 和 Milner（2000）对全椎类进行了系统发育分析，但并没有包括短头鲵类和阔头鲵类（plagiosaurs）。Milner（2000）认为短头鲵类与石炭 - 二叠纪的saurerptontids 关系密切，而 plagiosaurids 与 *Peltobatrachus* 相关。Damiani 和 Kitching（2003）指出短头鲵超科与其他类群的系统关系，以及该超科内部类群之间的相互关系都未解决。Maisch 和 Matzke（2005）同意其观点，指出后三叠纪（post-Triassic）的“离片椎类”化石，除少数属种（如中国短头鲵、库尔鲵等）外，多数较残破，且主要是短头鲵超科的成员。

戈壁短头鲵属 Genus *Gobiops* Shishkin, 1991

模式种 沙漠戈壁短头鲵 *Gobiops desertus* Shishkin, 1991

鉴别特征 中等体型的短头鲵类，推测头长 25–30 cm。头顶十分扁平；鳞骨的枕侧翼稍向后倾，鳞骨与上颞骨的骨缝伸向前侧方；上颞骨窄；后额骨具有细长的前内支；外枕骨的下耳突长且扁，几乎全部开向腭面；齿骨的联合部有齿列（tooth row），边缘齿基部稍侧扁；锁骨的背上升突宽而低，三角形，强烈侧曲，其上有大片的纹饰区域，而光滑的背突位于纹饰区的顶端之上；肱骨扁，具有强大的伸向外侧的旋后肌突；寰椎长，背腹向压扁；枢椎（axis）的间椎体相对高而短，后凹型（opisthocoelous），髓管封闭；背椎全椎型，具有较长而低的间椎体；前部尾椎接近块椎型。较重要的自近裔特征包括：锁骨的背突短宽且较低，三角形；枢椎间椎体相对短而高；背椎全椎型，间椎体长而低。

中国已知种 仅模式种。

分布与时代 蒙古、中国（新疆），中 - 晚侏罗世。

评注 蒙古晚侏罗世的戈壁短头鲵是目前已知生存时代最晚的短头鲵类。2000–2002年一支中德联合考察队在我国新疆准噶尔盆地南部地区进行了考察，在中 - 上侏罗统中采集到一批两栖类材料，以及龟、鳄和恐龙等化石。这个化石埋藏群被称为“龟 - 主龙 - 两栖类组合”（“turtle-archosaur-amphibian assemblage”，简称 TAAA）。Maisch 和 Matzke（2005）研究了其中的两栖类材料，将其归入短头鲵超科，并将其中部分标本归入蒙古的沙漠戈壁短头鲵；根据这批新疆的新材料，他们修订了 Shishkin（1991）的戈壁短头鲵属征（见“鉴别特征”）。

沙漠戈壁短头鲵 *Gobiops desertus* Shishkin, 1991

（图 20）

正模 PIN 4174/102，一左鳞骨。产自蒙古 Trans-Altai。

归入标本 (IMGPUT) SGP/2000/7（左后顶骨）、SGP/2000/8（左上颞骨的后半部分）、SGP/2001/9（枢椎的间椎体）、SGP/2000/10–11（两块背椎的间椎体）、SGP/2000/12（一疑似前部尾椎的间椎体）、SGP/2001/17（右后额骨）、SGP/2001/27–28（相互关联的右后额骨、棒骨和上颞骨）、SGP/2001/29（一个小的背椎椎体）、SGP/2001/30（一疑似前部尾椎的间椎体）、SGP/2002/3（一疑似后部尾椎的间椎体）。

鉴别特征 同属。

产地与层位 蒙古Trans-Altai的Gobi Shar Teeg地点，上侏罗统；新疆准噶尔盆地南部，乌鲁木齐西南约40 km，?中-上侏罗统界线附近，头屯河组最上部。

评注 Maisch 和 Matzke（2005）在德国《古生物杂志》上发表论文，将 11 件采自

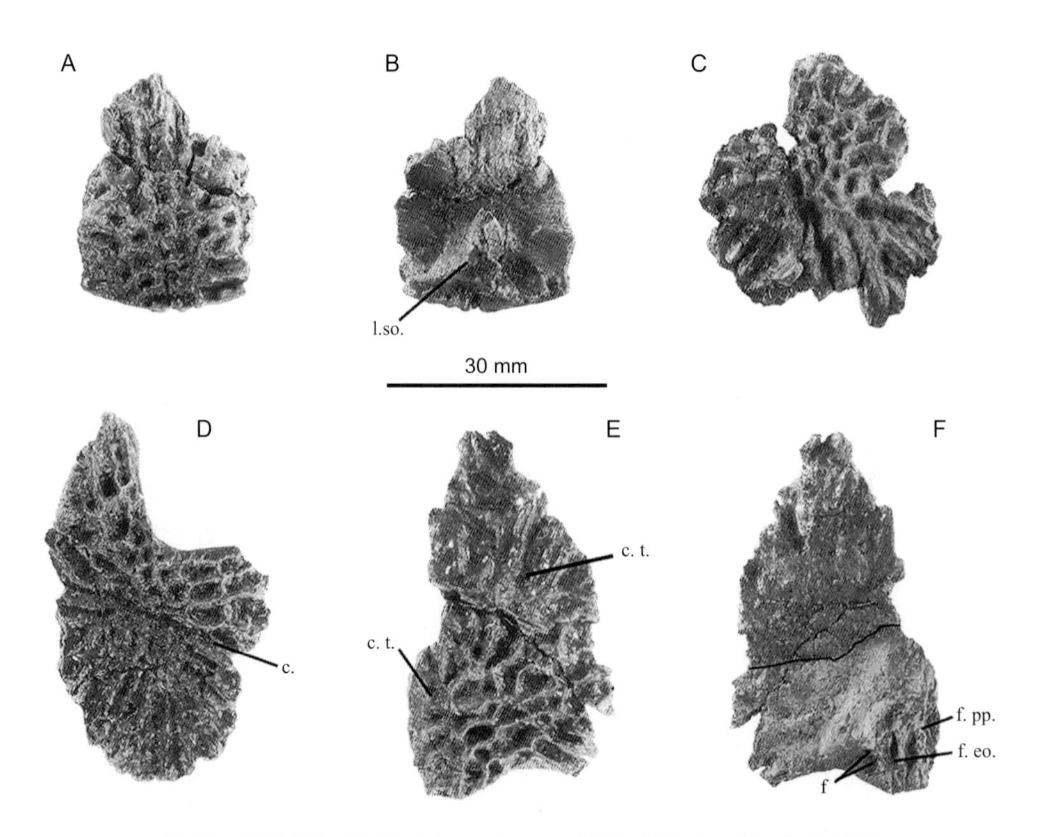

图 20 沙漠戈壁短头鲵 *Gobiops desertus*（引自 Maisch et Matzke, 2005）

A, B. 左后顶骨 [(IMGPUT) SGP/2000/7] 的背视和腹视；C. 左上颞骨的后半部分 [(IMGPUT) SGP/2000/8] 的背视；D. 右后额骨 [(IMGPUT) SGP/2001/27] 的背视；E, F. 关联的上颞骨和棒骨 [(IMGPUT) SGP/2001/28] 的背视和腹视。c. 侧线沟，c.t.. 颞沟，f. 孔，f.eo. 与外枕骨的接合面，f.pp. 与后顶骨的接合面，l.so. 上枕骨板

新疆准噶尔盆地的标本归入了该种，化石材料包括后顶骨、后额骨、棒骨、上颞骨以及枢椎、背椎、尾椎的间椎体等，进行了较详细的描述并附有标本图版。这批标本暂编的是上述中德考察项目的临时编号 SGP（Sino-German Project collection），保存在德国蒂宾根大学地质古生物研究所博物馆。文章指出化石标本所有权属于中国，研究结束后将归还中国并在国际期刊上公布标本的最终保存地，但目前尚未见到相关报道。

同产地还发现一件“离片椎类”的肠骨（ilium）化石［标本号 (IMGPUT) SGP/2001/32］，Maisch 等（2004）认为它与德国一件新发现的多洞鲵类的肠骨相似，将其归入多洞鲵超科类（trematosauroids），并认为这是多洞鲵超科类在世界上已知最晚的化石代表。离片椎类肠骨化石十分罕见，可对比标本很少且在没有头骨材料时难以对物种做准确分类学鉴定。过去认为多洞鲵超科类已于三叠纪末完全灭绝，而且该肠骨标本保存并不完整也没有伴生其他材料，能否归入多洞鲵超科类尚有疑问，所以本书不另行记述。

中国短头鲵属 Genus *Sinobrachyops* Dong, 1985

模式种 扁头中国短头鲵 *Sinobrachyops placenticephalus* Dong, 1985

鉴别特征 中等大小的短头鲵类；头顶表面具纹饰，眼眶上方具侧感觉沟；吻端钝圆，鼻孔端位，两鼻孔紧靠；眼孔大，侧位，眶间距宽；翼间窝大；副蝶骨的刀形突细长，前伸至翼间窝前缘；腭骨、犁骨和外翼骨上有成对的大牙（锥形齿）。

中国已知种 仅模式种。

分布与时代 四川，中侏罗世。

评注 中侏罗世的中国短头鲵在 1985 年发现时是世界已知最晚的“离片椎类”（当时称“迷齿类”）。后来在 20 世纪 90 年代澳大利亚等地发现了白垩纪的“离片椎类”，才将这一纪录打破。

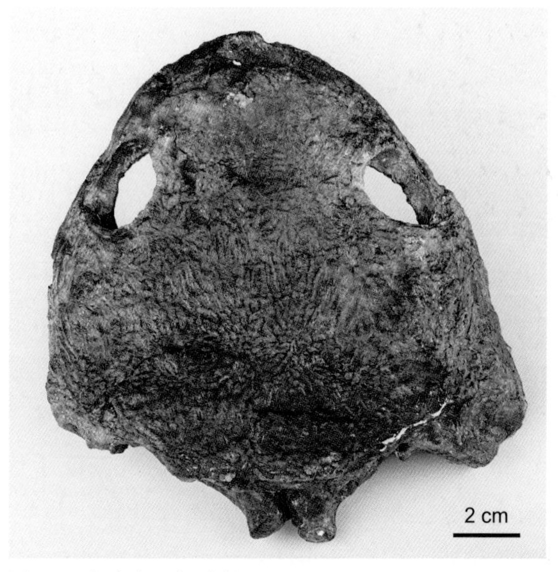

图 21 扁头中国短头鲵 *Sinobrachyops placenticephalus* 正模（ZDM 1）头骨的背视（王原 摄）

扁头中国短头鲵 *Sinobrachyops placenticephalus* Dong, 1985

（图 21，图 22）

正模 ZDM 1，一个几近完整的头骨。产自四川自贡大山铺。

鉴别特征 同属。

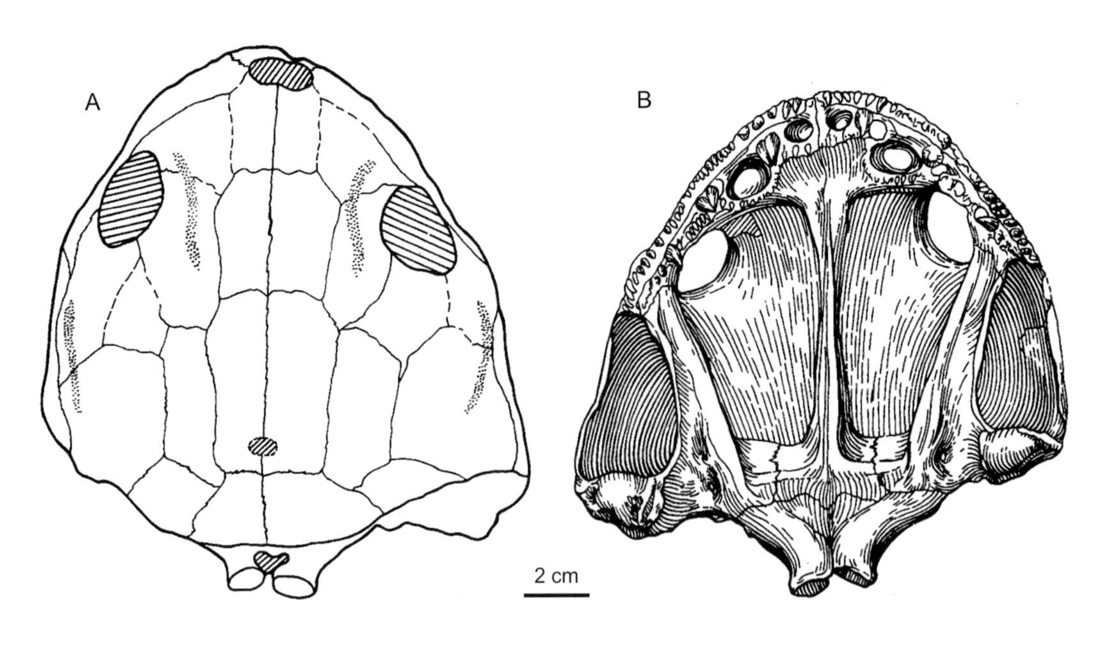

图 22 扁头中国短头鲵 *Sinobrachyops placenticephalus* 正模（ZDM 1）头骨背视（A）和腹视（B）的素描图（引自董枝明，1985）

产地与层位 四川自贡大山铺，中侏罗统下沙溪庙组。

评注 扁头中国短头鲵的建立依据一件正模，且目前仅发现这一件较完整的头骨材料。该标本现保存在四川自贡恐龙博物馆中。它是当时发现的后三叠纪（post-Triassic）“离片椎类”动物中最重要和最完整的一件，也是首个后三叠纪短头鲵类代表。同产地发现有大量中侏罗世的恐龙化石以及三列齿兽类犬齿兽和其他脊椎动物化石。

短头鲵超科？属种不定 Brachyopoidea? gen. et sp. indet.

除了前文介绍的 Maisch 和 Matzke（2005）所报道采自准噶尔盆地南缘的沙漠戈壁短头鲵，新疆侏罗系还有一些“两栖类”发现。在 1987 年的非正式出版物《新疆古脊椎动物化石及地层》中，张法奎撰写的两栖类部分命名了一种新的离片椎目全椎亚目科未定的“迷齿类”——末了孑遗螈（*Superstogyrinus ultimus*）。标本采自准噶尔盆地克拉玛依地区的两个地点，分别为中侏罗统五彩湾组和上侏罗统下部石树沟组。化石材料为残破头骨（IVPP V 8073A）、间椎体（IVPP V 8073B, 1–13, 20）、侧椎体（IVPP V 8073C, 1–14）和牙齿（IVPP V 8073D, 1–5）。作者认为其鉴别特征为：头大、间椎体全椎型，呈厚圆盘状，脊索穿孔小，位于间椎体近中心位置。侧椎体存在，较大，完全钙化。作者认为该动物的分类可能限定在“大头龙科（Capitosuridae）和短额鲵科（Metoposauridae）范围内”。根据命名法规，末了孑遗螈（*Superstogyrinus ultimus*）应为裸名（nomen nudum）。

另外笔者 2001 年和 2005 年参与新疆恐龙考察队在准噶尔盆地东缘发现了大量零散的“两栖类”标本，以椎体为主，包括部分头骨和下颌材料，初步分析也可归入短头鲵超科。相关研究工作有待进行。

双顶螈超科 Superfamily Dissorophoidea Bolt, 1969

双顶螈科 Family Dissorophidae Boulenger, 1902

概述 一类已经灭绝的中等体型的“离片椎类”“两栖动物”，生存于晚宾夕法尼亚期至晚二叠世。主要发现于美国得克萨斯州下二叠统，也见于北美其他地点以及俄罗斯上二叠统。最新的研究也发现了石炭纪双顶螈类的代表。该科包括 *Alegeinosaurus*、*Anakamacops*、*Arkanserpeton*、*Aspidosaurus*、*Astreptorhachis*、*Brevidorsum*、*Broiliellus*、*Cacopinae*、*Cacops*、*Conjunctio*、*Dissorophus*、*Fayella*、*Iratusaurus*、*Kamacops*、*Longiscitula*、*Platyhystrix*、*Zygosaurus* 等近 20 个属，显示了较大的分异度。

鉴别特征 头骨的眶前区域短而宽，两鼻孔大且间距宽；其头骨后部也相对较短。该科一个重要特征是头骨具有深的耳凹（otic notch），有学者认为耳凹与接收空气传声有关（Bolt, 1974; Holmes, 2000），但也有学者对此表示质疑（Laurin, 1998a; Laurin et Soler-Gijon, 2006）。另一个重要特征是该科的多数种类的背中线有与脊柱相关联的真皮骨板。这些骨板被称为背甲（armor），因此也有学者推断该科的主要成员都是以陆生为主。DeMar（1968）的研究显示，该科的不同支系在演化中陆生性逐渐提高，背甲的起源与适应陆生环境的压力有关，其功能为加强脊柱。

中国已知属 似卡玛螈属（*Anakamacops*）。

分布与时代 中国、欧洲、北美，石炭纪至二叠纪。

评注 该科与 Amphibamidae 同属于双顶螈超科（Dissorophoidea）。有学者认为 Amphibamidae 的 *Doleserpeton* 和 *Gerobatrachus*，与 Batrachia 类群（包括现生和化石无尾类、有尾类，以及阿尔班螈类 albanerpetontid）有密切关系，因而支持滑体两栖类是多系起源的假说，即无尾类和有尾类起源于“离片椎类”，而无足类起源于壳椎类（Anderson et al., 2008）。

似卡玛螈属 Genus *Anakamacops* Li et Cheng, 1999

模式种 石油似卡玛螈 *Anakamacops* petrolicus Li et Cheng, 1999

鉴别特征 头骨中等大小且吻部扁平；前颌窗（premaxillary fenestra）为前颌骨和犁

骨所包围；内鼻孔前后方向很长且较窄；犁骨的腹面粗糙但无齿；内鼻孔内缘光滑不具齿。

中国已知种 仅模式种。

分布与时代 甘肃，中二叠世。

评注 属名含义为“与卡玛螈相似的动物”。李锦玲和程政武（1999）认为，该属与俄罗斯上二叠统卡赞亚带的卡玛螈（Gubin, 1980）最为相似，但其前颌骨腹面为弯曲的长条形，前颌骨孔大部分被犁骨包围，犁骨表面虽不光滑但无密集的粒状小齿，另外内鼻孔内缘无齿；这些特征与卡玛螈不同。与似卡玛螈属伴生的有石炭蜥目的成员（如泰齿螈 *Ingentidens*）。另外，该属的层位原被标注为上二叠统西大沟组，刘俊等（2012）根据新的研究将其修订为中二叠统青头山组。

石油似卡玛螈 *Anakamacops petrolicus* Li et Cheng, 1999

（图 23，图 24）

正模 IGCAGS V 365，头骨的左前部，包括较完整的前颌骨以及上颌骨、泪骨、鼻骨、犁骨等。产自甘肃玉门大山口。

鉴别特征 同属。

产地与层位 甘肃玉门大山口，中二叠统青山头组。

评注 石油似卡玛螈是我国已知最早的“离片椎类”代表。目前化石材料仅包括一件正模，其种名源自该化石的产地玉门市，这里曾经是我国著名的“石油城”。

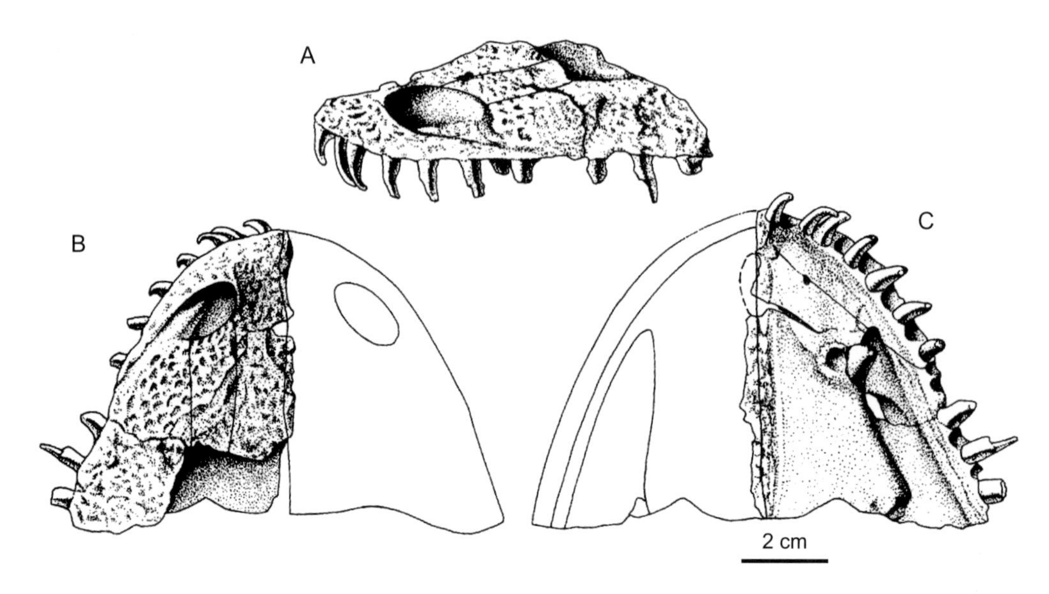

图 23 石油似卡玛螈 *Anakamacops petrolicus* 正模（IGCAGS V 365）头骨
（引自李锦玲、程政武，1999）
左侧视（A）、背视（B）和腹视（C）素描图

图 24 石油似卡玛螈 *Anakamacops petrolicus* 正模（IGCAGS V 365）头骨化石的背视（A）和腹视（B）（王原 摄）

乳齿鲵超科 Superfamily Mastodonsauroidea Lydekker, 1885 (sensu Damiani, 2001)

海勒鲵科 Family Heylerosauridae Shishkin, 1980

概述 “离片椎目”中的一科，已经灭绝。生存于中、晚三叠世。海勒鲵科与乳齿鲵科（Mastodonsauridae）、Sclerothoracidae 和 Stenotosauridae 等同属乳齿鲵超科。海勒鲵科包括 *Eocyclosaurus*、*Quasicyclotosaurus*、*Yuanansuchus* 等属。

鉴别特征 根据 Schoch（2008）的意见，“轭骨不进入眼眶”是该科唯一一个近裔共性。另外“前额骨与后额骨相连接，使额骨被排除出眼眶”，以及“棒骨与鳞骨相连接，并包围耳窗（otic fenestra）”这两个近祖特征也是该科的鉴别特征。

中国已知属 远安鲵属（*Yuanansuchus*）。

分布与时代 俄罗斯、中国，三叠纪。

评注 Shishkin（1980）命名该科时，仅包括 *Heylerosaurus lehmani* 一属一种。该种后被认为应归入 *Eocyclosaurus* 属（Kamphausen et Morales, 1981），但科的建立有效（Damiani, 2001）。Damiani（2001）经过系统发育分析后认为该科应包括 *Eocyclosaurus* 和 *Odenwaldia* 两个姐妹群。但 Liu 和 Wang（2005）在研究远安鲵（*Yuanansuchus*）时，得出了不同的结论，认为 *Odenwaldia* 应代表一个更原始的支系，而远安鲵与

Eocyclosaurus、*Quasicyclotosaurus* 三属构成一个较进步的支系（即海勒鲵科），该支系与乳齿鲵构成姐妹群关系。Schoch（2008）也得出了相似的结论。

远安鲵属 Genus *Yuanansuchus* Liu et Wang, 2005

模式种 宽头远安鲵 *Yuanansuchus laticeps* Liu et Wang, 2005

鉴别特征 自有衍征：头宽大于头长；背视观察头骨后缘几乎平直，腭面可见整个眼眶。原始特征：前额骨与后额骨接触，故额骨不是眼眶内边缘的组成部分；副蝶骨刀状突扁平且较宽，向前延伸至内鼻孔同一水平线上。衍征：具枕感觉沟，棒骨侧突指向正侧方，并从后部包围半封闭的耳凹。

中国已知种 仅模式种。

分布与时代 湖北，中三叠世。

评注 这是中国首个经过系统发育分析归入乳齿鲵超科类的属。

宽头远安鲵 *Yuananasuchus laticeps* Liu et Wang, 2005

（图 25，图 26）

正模 IVPP V 13463，一几近完整的头骨。产自湖北远安茅坪场。

鉴别特征 同属。

产地与层位 湖北远安茅坪场，中三叠统安尼阶（Anisian）巴东组。

评注 Liu 和 Wang（2005）认为该化石所产层位为巴东群信陵镇组。Wang 等（2008）将其归入巴东组。此种目前描述的材料仅有一个正模头骨，该头骨标本也是我国目前已

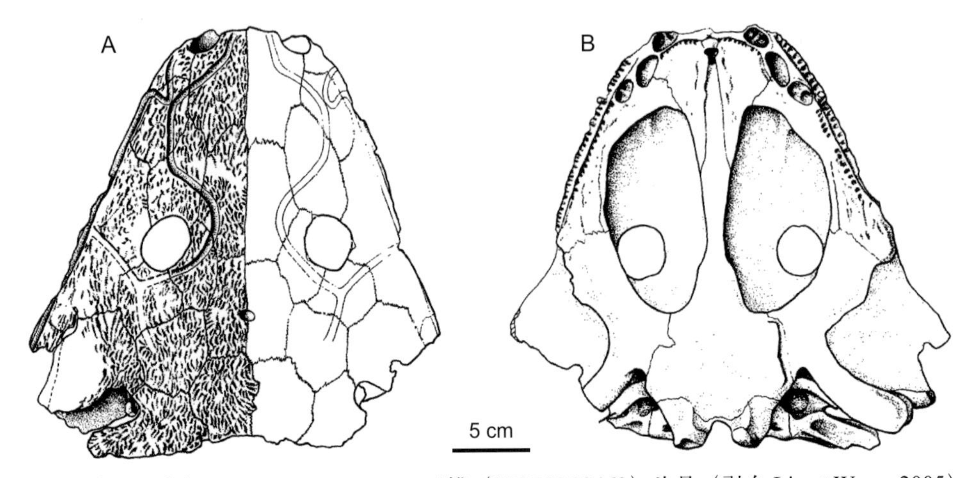

图 25 宽头远安鲵 *Yuanansuchus laticeps* 正模（IVPP V 13463）头骨（引自 Liu et Wang, 2005）背视（A）和腹视（B）素描图

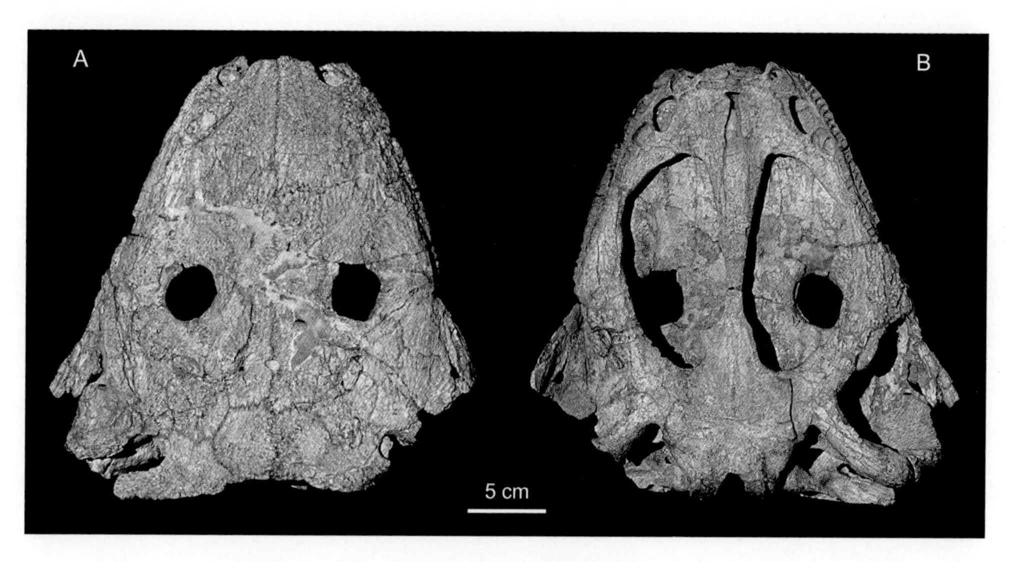

图 26　宽头远安鲵 *Yuanansuchus laticeps* 正模（IVPP V 13463）头骨（王原 摄）
化石的背视（A）和腹视（B）

知最完整的乳齿鲵超科类材料。同产地还有一些头骨和头后骨骼标本或可归入此种，相关野外和室内工作还在进行之中。

乳齿鲵科 Family Mastodonsauridae Lydekker, 1885 (sensu Damiani, 2001)

概述　一类已经灭绝的“离片椎类”动物。因牙齿化石磨损后类似乳头而得名。生存于三叠纪。该科包括 *Chernínia*、*Cyclotosaurus*、*Eryosuchus*、*Mastodonsaurus*、*Paracyclotosaurus*、*Pamtosuchus*、*Stenotosaurus*、*Tatrasuchus*、*Watsonisuchus*、*Wellesaurus*、*Wetlugasaurus* 等 10 余个属。Damiani（2001）用分支系统学方法将该科定义为：“与 *Eocyclotosaurus* 属相比，与乳齿鲵属共有更近共同祖先的所有乳齿鲵超科类成员（mastodonsauroids）”。

鉴别特征　该科具有乳齿鲵超科的一般共同特征，如体型大、肉食性、背腹扁、半水生、吻部长（类似鳄类）、头骨后缘具有深切的耳凹等，而且耳凹封闭的程度是乳齿鲵超科内鉴别分类时最重要的特征。Damiani（2001）通过系统发育分析，认为该科具有6个共有衍征：“吻部轮廓背视外凸，侧感觉沟浅且不连续，眶上感觉沟在泪骨内侧通过，鼻孔轮廓椭圆形，前腭窝（anterior palatine vacuity）不成对，前关节骨的钩状突十分发育”。其中前5个均为经过反转的自有衍征，因此趋同演化（homoplasy）是该科演化的一个重要特点。

中国已知属　耳曲鲵属（*Parotosuchus*）。

分布与时代　北美、欧洲、亚洲等地，三叠纪。

评注　乳齿鲵科和乳齿鲵超科分别是大头鲵科和大头鲵超科的同物异名。虽然

“大头鲵类”（科或超科）的称谓似乎更加广为接受，但 Damiani（2001）对“大头鲵类”的研究历史回顾，以及首次对该类群全面的系统发育分析显示，“*Capitosaurus*”并不是一个有效的属，因此基于该属建立的 Capitosauridae 和 Capitosauroidea 的有效性，显然不如基于广为接受的有效属 *Mastodonsaurus* 建立的“Mastodonsauridae”和“Mastodonsauroidea”，而后二者应代表更为合适的分类单元名称。然而也有不同意见：Moser 和 Schoch（2007）认为，在科级别上，应使用 Mastodonsauridae，而在超科级别上，应使用 Capitosauroidea。目前争论仍在继续，本书暂采用 Damiani（2001）的方案。

耳曲鲵属 Genus *Parotosuchus* Otschev et Shishkin, 1968

模式种 大鼻耳曲鲵 *Parotosuchus nasutus* (Meyer, 1858)

鉴别特征 Damiani（2001）归纳该属的原始特征包括：棒骨侧突（tabular horn）尖且后伸，横贯犁骨的齿列较直，前腭窝肾形，枕髁远在轭骨的关节髁之前，具联合部旁齿列（parasymphyseal tooth）；下颌的关节窝后区（post-glenoid area）短，镫骨（stapes）具镫骨孔。进步特征包括：成年头骨的真皮骨厚（最厚可达 1 cm），内鼻孔窄且呈裂缝型，下颌的关节窝后区的背视显示向后加宽。自近裔特征为：耳凹异常窄。

中国已知种 吐鲁番？耳曲鲵（*Parotosuchus turfanensis*?）。

分布与时代 德国、俄罗斯、南非，早三叠世；中国（新疆），中三叠世。

评注 Romer（1947）建立了 *Parotosaurus* 属，用于包括 *Capitosaurus* 属中除模式种“*Capitosaurus*” *africanus* 之外的当时所有已知种。但该属名已被一种现生的石龙子科蜥蜴先占（*Parotosaurus* Boulenger, 1914），因此该属被更名为 *Parotosuchus* Otschev et Shishkin, 1968 (Kalandadze et al., 1968)，这是在杨钟健（1966）研究命名“吐鲁番耳曲龙（新种）（*Parotosaurus turfanensis*）”之后的工作。但是 Sun 等（1992）在其《The Chinese Fossil Reptiles and Their Kins》一书中没有注意到这个变化，仍沿用了杨钟健（1966）的用法。在 Li 等（2008）重新修订 Sun 等（1992）一书时，Wang 等（2008）在撰写其中的两栖类章节时对此进行了调整，改用 *Parotosuchus* 属名。本书沿用此用法。值得一提的是，Damiani（2001）认为该属包括 7 个有效种，但不包括中国的吐鲁番耳曲鲵。

吐鲁番？耳曲鲵 *Parotosuchus turfanensis*? (Young, 1966) Wang, Zhang et Sun, 2008

（图 27）

Parotosaurus turfanensis：杨钟健，1966，58 页，图版 I；Sun et al., 1992, Fig. 2

正模 IVPP V 3230，吻部前端 1 块、右上颌骨碎片 1 块，以及另两块头骨骨片。产

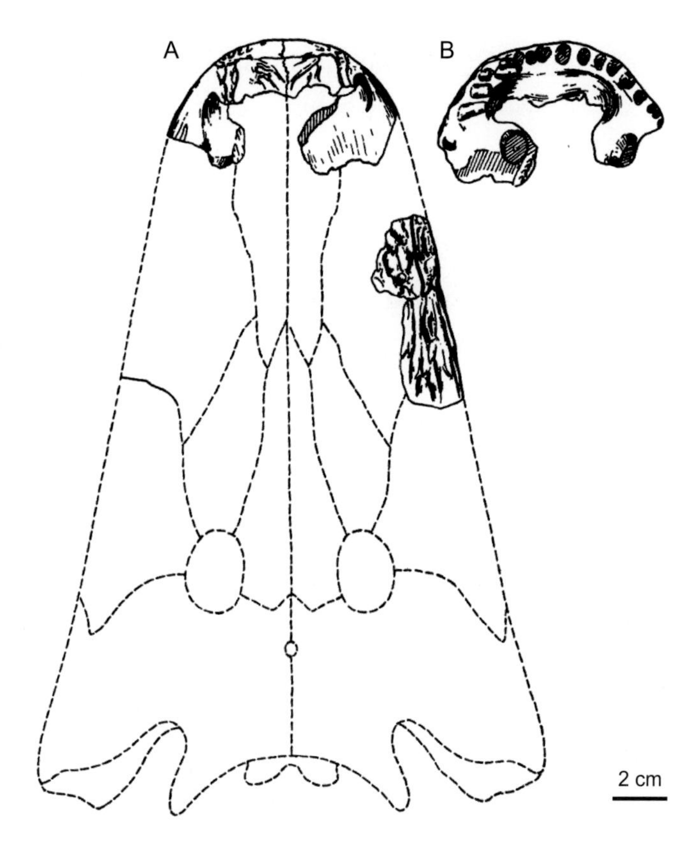

图 27　吐鲁番? 耳曲鲵 *Parotosuchus turfanensis*? 正模（IVPP V 3230）头骨（引自杨钟健，1966）背视（A）和腹视（B）素描图

自新疆吐鲁番桃树园子。

鉴别特征　中等大小；吻部钝圆；外鼻孔和上颌间孔沿上颌边缘分布；眶上感觉沟较直，与头骨中线平行；大牙之前约有 9–10 颗牙齿；所有牙齿很尖且具直棱；犁骨齿（vomerine tooth）大且发育。

产地与层位　新疆吐鲁番桃树园子，中三叠统克拉玛依组。

评注　该标本虽然残破，但代表我国新疆乃至西北乳齿鲵类（“大头鲵类”）化石的首次发现，所以有较大意义。其与肯氏兽类化石共生，可协助指示含化石层位的年代。不过杨钟健（1966）所用属名 *Parotosaurus* 被 Wang 等（2008）改为 *Parotosuchus*。原 *Parotosaurus* 属中的各个种也被不同学者分别归入了 *Parotosuchus*、*Eocyclotosaurus*、*Wellesaurus*、*Xenotosaurus* 等属（Schoch, 2000）。

对其中文译名，本书建议采用“耳曲鲵”，而非杨钟健（1966）所用“耳曲龙”，前者更符合两栖类中文名称的习惯用法。另外，吐鲁番耳曲鲵的材料非常破碎，原有的鉴别特征不能证实其为一新的物种，所以该种的有效性和其系统位置仍不确定，本书在种名之后加“？”以示存疑。

乳齿鲵超科属种不定 Mastodonsauroidae gen. et sp. indet.

（图 28）

中国三叠纪的“离片椎类”多数可以归入乳齿鲵科或海勒鲵科，但产自山西府谷的材料可能例外。山西府谷下三叠统和尚沟组中，产出过一些头骨的碎片以及一些相关联的脊椎（编号 IGCAGS V 309，IGCAGS V 310），程政武（1980）将其作为底栖鲵类（benthosuchids）的代表。不少学者也将底栖鲵科归入乳齿鲵超科（Damiani, 2001; Liu et Wang, 2005），但也有学者认为该科与多洞鲵类（trematosaurids）亲缘关系更近，为长吻多洞鲵类的代表之一（Schoch, 2008）。因这些山西标本还缺乏详细研究报告，其归类是否准确有待核实。

在新疆吉木萨尔下三叠统水龙兽层曾发现过一块小的下颌残段（标本号 IVPP V 3234；杨钟健，1973），该发现如鉴定准确，则代表我国已知最早的乳齿鲵超科类群的化石记录。

除此之外，山西武乡中三叠统中，产出了一批“迷齿类”化石（杨钟健，1963），包括零散的真皮盾板、脊椎和头骨碎片（标本号 IVPP V 950，IVPP V 2710–2715），初步判断可以归入乳齿鲵超科，但因材料限制，无法进行属种级鉴定。

云南黑果坪禄丰组的深色红层中，产出一串小型椎骨。含化石层位的时代被认为是早侏罗世（Luo et Wu, 1994）。Sun 等（1992）对其进行了首次报道，但未对其编号，也未作详细描述。如鉴定准确，其应代表我国乃至世界最晚的乳齿鲵超科化石。

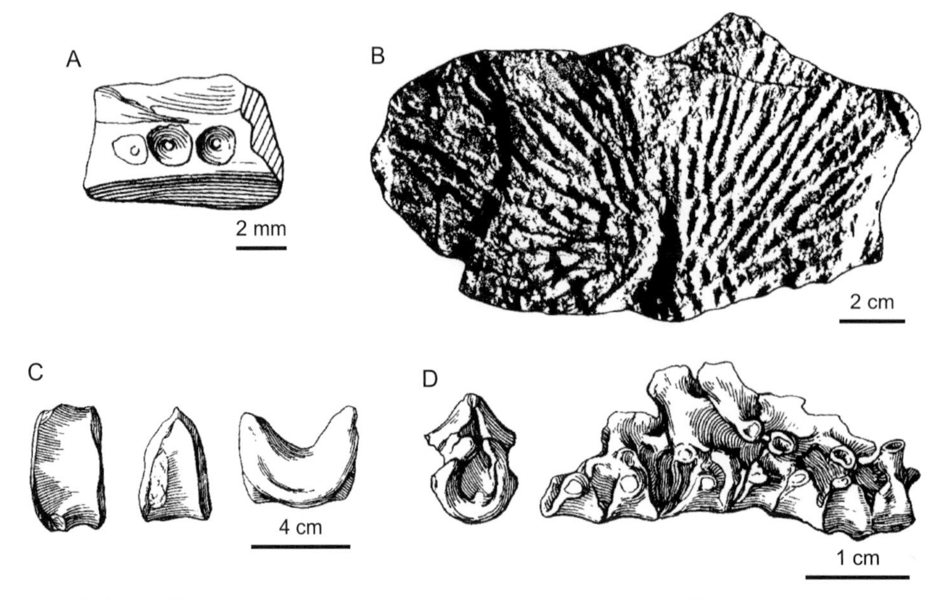

图 28　乳齿鲵超科属种不定 Mastodonsauroidea gen. et sp. indet. 标本素描图（引自 Sun et al., 1992）
A. 下颌残段（IVPP V 3234）；B. 间锁骨（IVPP V 950）；C. 间椎体（IVPP V 2712）；D. 产自云南的一串椎骨（未编号）

宽额鲵科 Family Metoposauridae Watson, 1919

概述 宽额鲵科（也有译为“短额鲵科”）是一类已经灭绝的“离片椎类”动物，生存于晚三叠世。多数化石地点发现于北美大陆，也见于北非、欧洲和亚洲。该科包括 *Apachesaurus*、*Arganasaurus*、*Buettneria*、*Bogdania*、*Dutuitosaurus*、*Koskinonodon*、*Metoposaurus* 等属。

鉴别特征 宽额鲵类以前置的眼眶和圆柱状的间椎体为特征。它们与大头鲵类的主要区别在于其眼眶靠近头骨前端。该科各种之间的一个主要鉴别特征是泪骨与眼眶的相对位置。其中一些种类的泪骨位于眼眶之外（如*Arganasaurus*、*Apachesaurus*、*Buettneria*、*Dutuitosaurus*等属），它们也同时表现出耳凹变浅、体型变小等演化趋势。另一些种类的泪骨则进入眼眶。该特征也常被用于科内的系统发育关系研究（Sulej, 2007）。另外，锁骨和间锁骨的形状和表面纹饰（dermal sculpture）也是该科重要的鉴别特征。

中国已知属 博格达鲵属?（*Bogdania*?）。

分布与时代 北美、欧洲、摩洛哥、印度、中国等地，三叠纪。

评注 该科曾被不同学者归入 Metoposauroidea、Stereospondyli、Temnospondyli 等高级分类单元。

博格达鲵属? Genus *Bogdania*? Young, 1978

模式种 ?破碎博格达鲵 ?*Bogdania fragmenta* Young, 1978

鉴别特征 鼻骨宽大，与额骨间的骨缝较靠后，位于眼眶较前部、两前额骨之间。松果孔位于顶骨较靠前的部位；上颌骨牙齿不甚发育；腭骨上的外排牙齿很发育，内排牙齿不发育；犁骨齿不发育；侧感觉沟宽，伸至鼻孔后缘；泪骨较大；眶间距较窄。

中国已知种 仅模式种。

分布与时代 新疆，晚三叠世。

评注 杨钟健（1978）依据一批较破碎的标本建立了该新属，并给出了如上鉴别特征。但其主要鉴别特征并不足以鉴别该属，所以该属是否有效，以及是否应归入宽额鲵科还存有疑问。故加“？”以示存疑。

?破碎博格达鲵 ?*Bogdania fragmenta* Young, 1978

（图 29）

正模 IVPP V 4010，20 余个头骨碎片和 1 个不完整脊椎骨。产自新疆阜康泉水沟。

鉴别特征 同属。

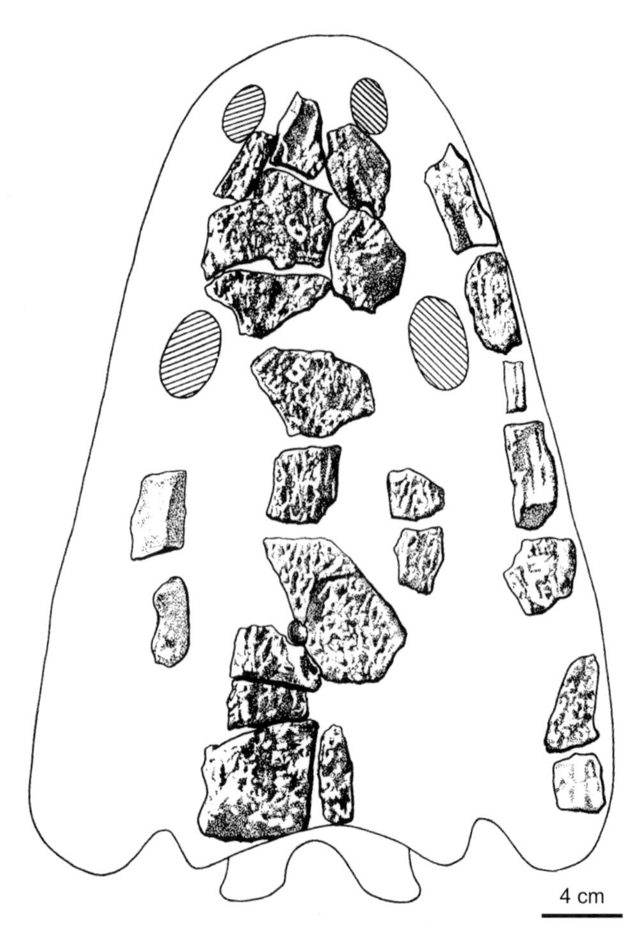

图 29　? 破碎博格达鲵 ? *Bogdania fragmenta* 正模（IVPP V 4010）头骨骨片素描图
（引自杨钟健 , 1978）

产地与层位　新疆阜康泉水沟，上三叠统黄山街组。

评注　杨钟健（1978）根据头骨复原，将部分碎骨拼合为一个不完整头骨，推测头长约有 340–350 mm，后部宽度约 230 mm，从而认定该两栖类的头骨比较窄。该种的材料过于破碎，其分类有效性存疑，有待进一步研究。因为属、种均存在疑问，故在破碎博格达鲵的中文译名和拉丁学名前加注“？”。

“离片椎目”属种不定　‘Temnospondyli’gen. et sp. indet.

杨钟健（1979a）报道了河南济源大峪产出的一批“迷齿类”化石（IVPP V 4012.1–2，IVPP V 4013.1–8），包括头骨、脊椎骨、牙齿等，认为从其特征判断应为“离片椎目”成员。杨钟健（1979a）认为，这些材料可能代表了两种不同的“迷齿类”。这些化石的产出层位是上石盒子组，时代为晚二叠世。但由于化石较残破，其鉴定正确与否需要进一步研究。

滑体两栖亚纲 Subclass LISSAMPHIBIA Haeckel, 1866

跳行超目 Superorder SALIENTIA Laurenti, 1768

无尾目 Order ANURA Fischer von Waldheim, 1813

概述 无尾目是跳行超目中的冠群（crown group），它与代表干群跳行类（stem salientians）的原无尾目（Proanura）共同构成跳行超目（Salientia）。无尾目是滑体两栖类中种类最多、分布最广的一目。体宽短，具四肢，幼体有尾，成体无鳃、无尾，前肢短，后肢长，跗部自成一节。口大，舌后端多游离，可翻出摄食。大多数种类有明显的第二性征，如雄性有声囊，前肢粗壮，有婚垫或婚刺以及其他部分有角质刺，有较明显的大腺体等。无尾类具有较强的跳跃和游泳能力。根据成体生活习性，可分为水栖、半水栖、陆栖、树栖、穴居等不同的类群。以昆虫和各类小动物为食（费梁等，2009a）。按照传统定义，无尾目为“两栖纲”滑体两栖亚纲之一目。根据肩带、脊椎骨、尾杆骨骨骼及趾蹼形态等特征，可以划分出4个亚目50余科。4个亚目为后凹型亚目（Opisthocoela）[包括盘舌蟾科（Discoglossidae）、铃蟾科（Bombinatoridae）、负子蟾科（Pipidae）、异舌蟾科（Rhinophrynidae）等]、变凹型亚目（Anomocoela）[包括锄足蟾科（Pelobatidae）、角蟾科（Megophryidae）等]、前凹型亚目（Procoela）[包括蟾蜍科（Bufonidae）、细趾蟾科（Leptodactylidae）、雨蛙科（Hylidae）、短头蟾科（Brachycephalidae）等]、参差型亚目（Diplasiocoela）[包括蛙科（Ranidae）、树蛙科（Rhacophoridae）、姬蛙科（Microhylidae）等]。其中蛙科（Ranidae）的种类众多，有370余种，该科也包括世界上最大的蛙类——产自喀麦隆的非洲巨蛙*Conraua goliath*，体长（吻臀距）最大可达36 cm，“站”起来可超过80 cm；前凹型亚目的Strabomantidae科比较特别：该科不仅在科级类元中所含种数最多（602种），科中的*Pristimantis*属也是脊椎动物中所含种数最多的一个属——含400余种。我国无尾类有铃蟾科（Bombinatoridae）、锄足蟾超科（Pelobatoidea）[含角蟾科（Megophryidae）和锄足蟾超科下的科未定属种]、蟾蜍科（Bufonidae）、雨蛙科（Hylidae）、蛙科（Ranidae）、树蛙科（Rhacophoridae）和姬蛙科（Microhylidae）的代表。

形态特征（修改自 Sanchiz, 1998） 额骨和顶骨愈合，下颌无齿，无泪骨，第一荐前椎仅有一个椎体成分，脊柱后部的荐前椎无自由肋，肋骨为单头肋，尾椎愈合成棒状的尾杆骨，髂骨延长并伸向前方，桡骨与尺骨愈合，胫骨与腓骨愈合，近端跗骨延长。

术语与测量方法 相对于同为滑体两栖动物的有尾类，无尾类是一种高度特化的两栖动物。骨骼的高度特化主要在于相邻骨头的愈合以及对于跳跃的适应。无尾类主要的头部骨骼包括（图30）：（背视）前颌骨（premaxillary）、上颌骨（maxillary）、方轭骨（quadratojugal）、鼻骨（nasal）、额顶骨（frontoparietal）、鳞骨（squamosal）；另有（腹视）犁骨（vomer）、蝶筛骨（sphenethmoid）、副蝶骨（parasphenoid）、前耳骨（prootic）、外枕骨（exoccipital）、翼骨（pterygoid）、耳柱骨（columella）等；舌器中一般只有副舌骨（parahyoid）骨化。下颌骨骼包括齿骨（dentary）、隅夹板骨（angulosplenial）、颐骨（mentomeckelian bone）。中轴骨骼由脊柱（vertebral column）组成，包括荐前椎（presacral）、荐椎（sacral）以及尾杆骨（urostyle）；第一荐前椎又称为寰椎（atlas），通常无横突（transverse process），而其他的荐前椎一般都具有横突；荐椎横突（sacral diapophysis）与腰带相关连。在一些原始的种类中尾杆骨的前端还具有一对或两对荐后横突（postsacral transverse process），又称为尾杆骨横突（urostylar transverse process）；有些种类前部的荐前椎具有自由肋（free rib），一些肋骨可见钩突（uncinate process）。四肢骨包括前肢（forelimb）骨骼［包括肱骨（humrus）、桡尺骨（radioulna）、腕骨（carpal）、指骨（phalange）和拇前指（prepollex）］和后肢（hind limb）骨骼［包括股骨（femur）、胫腓骨（tibiofibula）、胫跗骨（tibiale）=距骨（astragalus）、腓跗骨（fibulare）=跟骨（calcaneum）、跗骨（tarsal）、蹠骨（metatarsal）、趾骨（phalange）和拇前趾（prehallux）］。四肢骨的主要特点在于桡骨、尺骨愈合形成桡尺骨，胫骨、腓骨愈合形成胫腓骨，以及后肢的延长（为适应跳跃功能，腰带的髂骨也延长）。带骨包括肩带（pectoral girdle）骨骼［包括乌喙骨（coracoid）、肩胛骨（scapula）、上肩胛骨（suprascapula）、锁骨（clavicle）和匙骨（cleithrum），有些种类有骨

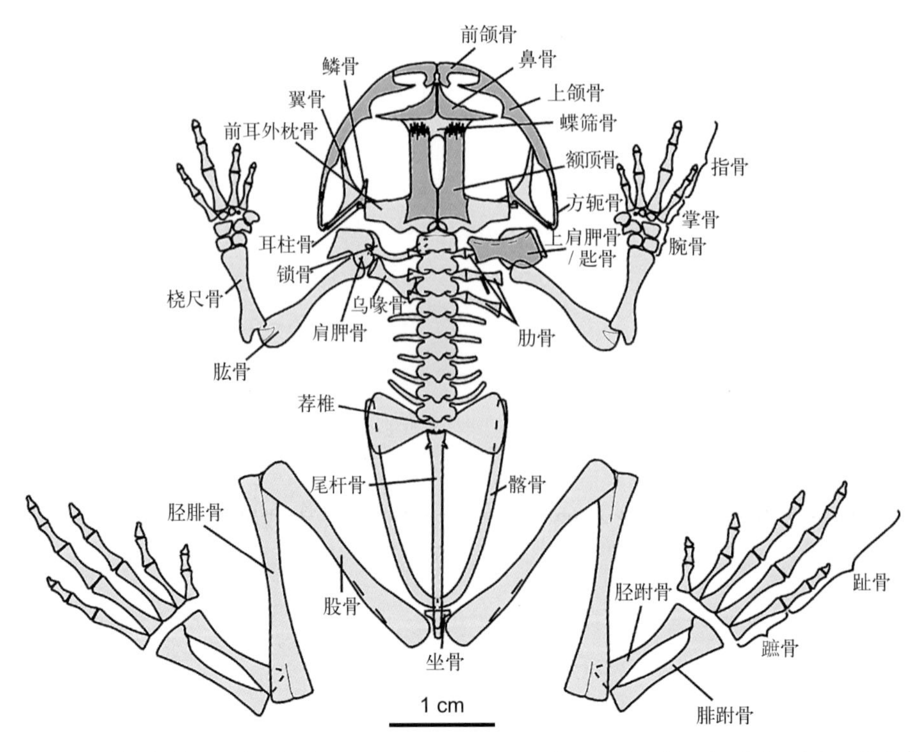

图 30　无尾目成员——葛氏辽蟾 *Liaobatrachus grabaui* 的骨骼复原图（背视）（董丽萍 绘）

化的胸骨，包括肩胸骨（omosternum）、中胸骨（mesosternum）等）］和腰带（pelvic girdle）骨骼［包括髂骨（ilium）、坐骨（ischium）和耻骨（pubis），耻骨一般不骨化］。指（趾）式（phalangeal formula）是用于描述指（趾）骨排列方式的。

主要的测量值有：吻臀距［snout-pelvis length（SPL），从吻端到腰带后缘的距离］、头骨的长和宽；单个荐前椎的长和宽，以及荐前椎总长，髂骨、股骨、胫腓骨、近端跗骨（跗节）的长度。一般用于衡量标本大小，以及计算相关的比值（如了解跳跃能力）。

分布与时代 全球，侏罗纪至今。

评注 该目成员大多具有较典型的“变态”过程（即幼体生活在水中，用鳃呼吸；成体生活在陆上，用肺呼吸），从而成为现生两栖类生态型的代表。在化石种类中，也可以见到保存较好的幼体化石（蝌蚪化石），如我国山东山旺中新世化石点的标本。

锄足蟾超科 Superfamily Pelobatoidea Bolkay, 1919

概述 滑体两栖亚纲无尾目之一超科，属于较原始的无尾类，其演化阶段位于原始的无尾类（即古蛙类archaeobatrachians）和更进步的无尾类（即新蛙类neobatrachians）之间，所以一般被归入中蟾类（mesobatrachians）。该超科的建立源自锄足蟾科（Pelobatidae）。Duellman 和 Trueb（1986）认为锄足蟾科包括始锄足蟾亚科（Eopelobatinae）、角蟾亚科（Megophryinae）和锄足蟾亚科（Pelobatinae）。但在现生无尾类分类体系中，角蟾类常被作为单独的科：角蟾科（Megophryidae）。多数学者认为锄足蟾超科包括4个科：锄足蟾科、角蟾科、掘足蟾科（Scaphiopodidae）和合跗蟾科（Pelodytidae）。

鉴别特征 主要骨骼学鉴别特征包括：前凹型椎体（procoelous centrum）；神经弓叠覆，第一和第二荐前椎愈合或不愈合；无自由肋；荐椎横突十分扩展，与尾杆骨愈合或不愈合，关节类型为单髁型或双髁型；弧胸型肩带（arciferal pectoral girdle），具有软骨质的胸骨；有或无腭骨；有或无副舌骨；胫跗骨和腓跗骨的两端愈合或整体愈合为一块骨骼。

中国已知属 该超科中的我国现生类型均在角蟾科下，包括齿蟾属（*Oreolalax*）、齿突蟾属（*Scutiger*）、拟髭蟾属（*Leptobrachium*）、髭蟾属（*Vibrissaphora*）、掌突蟾属（*Paramegophrys*）、短腿蟾属（*Brachytarsophrys*）、角蟾属（*Megophrys*）和拟角蟾属（*Ophryophryne*）等代表。而化石种类目前仅报道一属：大锄足蟾属（*Macropelobates*），属于科未定成员。

分布与时代 欧洲、西亚、中亚、中国、北非、美国等地，白垩纪至今。

评注 锄足蟾超科是劳亚大陆的类群，其中锄足蟾科是欧亚大陆的类群。过去将北美的锄足蟾类（掘足蟾属*Scaphiopus*和旱掘蟾属*Spea*两属）也归入锄足蟾科，但现在的分类则将此二属单独成立一个掘足蟾科Scaphiopodidae（又称北美锄足蟾科），代表与欧亚大陆不同的演化支系。在系统演化关系上，角蟾科（主要分布在亚洲东、南部）和合附蟾科（主要分布在欧洲和高加索地区）与锄足蟾科亲缘关系较近。其中角蟾科过去以角蟾亚科的形式被归入锄足蟾科，但Cannatella（1985）、Ford和Cannatella（1993）提出应将角蟾亚科提升为科级，代表东亚、南亚的演化支系。费梁等（2009a, b）在编撰《中国动物志 两栖纲》时，也采纳了这种观点。角蟾科广泛分布于东亚、东南亚和南亚东部。近年在我国南方始新世地层中发现了一些无尾类材料，可能属于角蟾科的成员，有关研究正在进行中。

锄足蟾超科科未定 Pelobatoidea incertae familiae

大锄足蟾属 Genus *Macropelobates* Noble, 1924

模式种 奥氏大锄足蟾 *Macropelobates osborni* Noble, 1924

鉴别特征 左右额顶骨前部愈合，但后部具有一中央骨缝，额顶骨背面和上颌骨外表面具纹饰；上颌骨与鳞骨接触；耳囊（otic capsule）背侧具浅凹，两枕髁分隔较远，显示具有一个软骨的脊索下板；具有耳柱骨；前部荐前椎的椎体较扁，后部荐前椎的横突向前倾斜，荐椎横突扩展，约为4个荐前椎的长度，尾杆骨与荐椎不愈合；乌喙骨具有扩展的内端；耻骨骨化；胫腓骨短于股骨。

中国已知种 临朐大锄足蟾［*Macropelobates linquensis* (Yang, 1977)］。

分布与时代 蒙古、中国（山东），渐新世至中新世。

评注 Noble（1924）和Roček（1982）将大锄足蟾与北美锄足蟾类（*Scaphiopus*, *Spea*）、角蟾科（以*Megophrys*为代表）进行对比，结论是大锄足蟾属更接近于北美锄足蟾类。Roček和Rage（2000b）则首次将大锄足蟾属归入北美的掘足蟾科。而Roček等（2011）在描述讨论中国山东山旺中新世的临朐大锄足蟾（新组合）时，再次认为大锄足蟾属与北美锄足蟾类亲缘关系更近，但该文采取了将大锄足蟾属归入锄足蟾超科下科未定的处理方式，因为存在中国和蒙古的大锄足蟾属自成一科的可能，只是由于化石材料的缺乏，暂时无法确认。本书采纳此种方案。

临朐大锄足蟾 *Macropelobates linquensis* (Yang, 1977) Roček, Dong, Přikryl, Sun, Tan et Wang, 2011

（图31）

Bufo linquensis：杨钟健，1977，76页，图版I

Macropelobates cratus：高克勤，1986，63页；Roček et Rage, 2000b, p. 1353

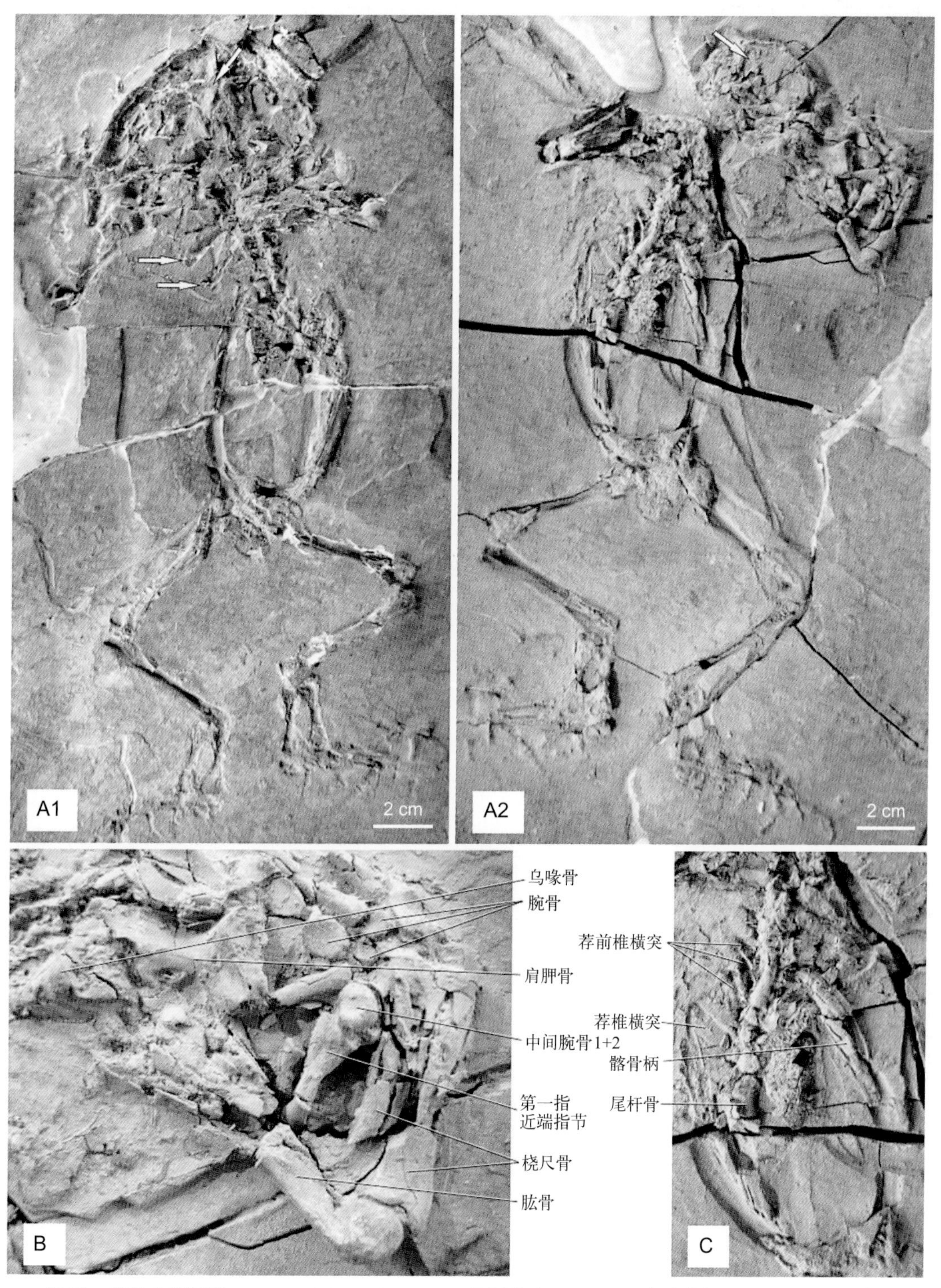

图 31　临朐大锄足蟾 *Macropelobates linquensis* 的新模（IVPP V 7700）（引自 Roček et al., 2011）
A1, A2. 保存在正负面对开岩石上的较完整全身骨骼；B. 肩带及前肢骨骼；C. 脊柱后部骨骼及腰带骨骼

正模 (SDM) JMSP H11-039，保存为正反两面的较完整骨骼（杨钟健，1977，图版I的下图；高克勤，1986，图版 II B）。该标本明确地被指定为临朐蟾蜍（*Bufo linquensis*）的正模（杨钟健，1977；见其中正文部分的描述），但在该文图版中却被错误地标为副模（图版 I 的下图）。高克勤（1986）没有意识到这个错误，也将该标本误作为临朐蟾蜍的副模。Sun等（1992）和Wang等（2008）继续错误地认为原文中另一块标本［在文中编号（SDM）ShM H11-038，Figure 17］为临朐蟾蜍的正模。Roček等（2011）在总结山东山旺的无尾类时，发现这一延续多年的错误，并根据其特征，建立新组合：临朐大锄足蟾属（*Macropelobates linquensis*），并认定（SDM）JMSP H11-039为临朐大锄足蟾（*Macropelobates linquensis*）的正模。本书采纳此方案。该标本原未标明标本存放地，也没有编号（杨钟健，1977）。现已无法找到，推测已丢失。

新模 IVPP V 7700，保存于灰白色硅质页岩中的较完整骨骼，分为正负模两面。产自山东临朐山旺。

鉴别特征（基于新模） 大型的锄足蟾超科无尾类。头宽短；椎体为前凹型；荐椎横突强烈扩展；具有典型的适应挖掘的骨骼学特征：具有强壮的锄足；胫腓骨比股骨短；跟骨和距骨短。与锄足蟾科的区别为：具有成对的额顶骨（锄足蟾和始锄足蟾的额顶骨是三分起源的）；跟骨和距骨不愈合；荐椎与尾杆骨之间为单髁关节。

产地与层位 山东临朐山旺，中中新统山旺组。

评注 临朐大锄足蟾的基本鉴别特征与 *Macropelobates osborni* Noble, 1924 相近，如前凹型椎体；尾杆骨不与荐椎愈合，而以单髁与其相关节（Roček, 1982, fig. 2）；上颌骨具齿；乌喙骨显示其肩带为弧胸型；大的拇前趾；F/TF 比例为 1.03。由此可见这两个种的亲缘关系很近。根据高克勤（1986，66, 73 页）研究，临朐大锄足蟾与 *M. osborni* 的区别在于：个体很大、腰带较长、跗骨长于胫腓骨的一半、拇前趾（prehallex）由两个部分组成。另外这两个种产出于不同的地质时代：*M. osborni* 产自早渐新世的 Hsanda Gol 组（Wang et al., 2005）。

杨钟健（1977）曾在文章中明确指定(SDM) JMSP H11-039为临朐蟾蜍（*Bufo linquensis*）的正模，但在图版中却误标为副模。高克勤（1986）在建立强壮大锄足蟾新种（*Macropelobates cratus* sp. nov.）时指定IVPP V 7700为正模，而把（SDM）JMSP H11-039作为强壮种的副模。根据国际动物命名法规的第72.1.2条（ICZN Art. 72.1.2），正模是物种名称的承担者，所以高克勤（1986）不应建立一个新种（*cratus*），而应将临朐种从蟾蜍属直接移至大锄足蟾属下。因此“强壮种”的建立是无效。由此Roček等（2011）提出，(SDM) JMSP H11-039所代表的物种的正确名称应为临朐大锄足蟾 *Macropelobates linquensis*（新组合），(SDM) JMSP H11-039为其正模。因该正模丢失，故Roček等（2011）根据国际动物命名法规的第75.1条（ICZN Art. 75.1）指定IVPP V 7700为其新模。

大型锄足的存在，强烈扩展的荐椎横突，以及粗壮的后肢和相对较短的后肢远端部分，都显示临朐大锄足蟾很可能适应于挖掘。如果这一结论是正确的，它就是至今为止记录的最早的挖掘者（锄足蟾和始锄足蟾产自欧洲的渐新世—中新世，但仍不具有由拇前趾构成的锄足）。

蟾蜍科 Family Bufonidae Gray, 1825

概述 滑体两栖亚纲无尾目之一科。属于典型新蛙类（neobatrachians）成员。本科包括 49 属 577 个现生种（AmphibiaWeb，2012），以及 11 个有效的含化石代表的现生或化石属（据 Martín et Sanchiz, 2012）。在所有属中，以蟾蜍属（*Bufo*）的种类最多。

鉴别特征 大多数属的头骨骨化程度高，鼻骨大，上颌无齿，无副舌骨；椎体前凹型，荐前椎 5–8 枚，神经弓叠覆，无肋骨，荐椎横突宽大，通常具双骨髁（尾杆骨与荐椎愈合例外）；肩带弧胸型（有的为拟固胸型）；跟、距骨仅在两端并合；远端跗骨 2–3 枚。多数皮肤粗糙，四肢较短。

中国已知属 该科在我国只有蟾蜍属（*Bufo*）、伪黄条背蟾蜍属（*Pseudepidalea*）、溪蟾属（*Torrentophryne*）、小蟾属（*Parapelophryne*）、*Duttaphrynus*和英格蟾蜍属（*Ingerophrynus*）等具有现生种类；其中前两属有化石代表。

分布与时代 该科除澳大利亚至巴布亚新几内亚、马达加斯加和南太平洋岛屿无分布外，广泛分布于全球的温带和热带地区。作为防治虫害的动物，蔗蟾（*Bufo marinus*）被引进到澳大利亚、新几内亚和很多海岛，但现在已经逐渐成为严重的入侵物种。古新世至今。

评注 Duellman 和 Trueb (1986) 指出，该科中的一些属，原置于 Atelopodidae 科之下。这些属基于毕德氏器（Bidder's organ）的存在而被归入了蟾蜍科。

蟾蜍属 Genus *Bufo* Laurenti, 1768

模式种 普通蟾蜍 *Bufo bufo* (Linnaeus, 1758)

鉴别特征 骨骼学鉴别特征包括：额顶骨中央合并或略分开；蝶筛骨中近筛骨部分骨化；眶蝶骨不骨化；无犁骨齿；具腭骨和方轭骨；鼓环和耳柱骨有或无；舌骨前角无前突，有翼侧突和后侧突；荐前椎 8 枚，寰椎与第二荐前椎分离，荐椎与尾杆骨以双髁关节，荐椎横突适度扩大；肩带弧胸型。

中国已知种 根据《中国动物志》记载（费梁等，2009a），蟾蜍属包括史氏蟾蜍（*Bufo stejnegeri*）和中华蟾蜍（*B. gargarizans*）等15个现生种，但其中有些种之后被其他学者归入了*Pseudepidalea*、*Duttaphrynus*、*Ingerophrynus*等属。另外Roček等（2011）

建立了山东蟾蜍（*B. shandongensis*）新种（化石种）。

分布与时代 除马达加斯加、澳大利亚、巴布亚新几内亚、南太平洋岛屿之外，蟾蜍属的现生种几乎在世界各地均有分布。古新世至今。

评注 Frost等（2006）根据分子生物学研究，以*Bufo viridis* Laurenti, 1768为模式种，建立新属伪黄条背蟾蜍属（*Pseudepidalea*），认为下辖16种，其中包括中国有分布的塔里木伪黄条背蟾蜍（*P. pewzowi*）和花背伪黄条背蟾蜍（*P. raddei*）；又以*Bufo melanostictus* Schneider, 1799为模式种，建立*Duttaphrynus*新属，目前下辖30种，其中包括中国有分布的*D. crphosus*、*D. himalayanus*和 *D. melanostrictus*等；另外，以*Bufo biporcatus* Gravenhorst, 1829 为模式种，建立新属英格蟾蜍属（*Ingerophrynus*），我国海南的乐东蟾蜍（*Bufo ledongensis* Fei et al., 2009）可能也应归入该属。费梁等（2009a）提及了上述工作，但并未采用。

中华蟾蜍 *Bufo gargarizans* Cantor, 1842

产地与层位 现生代表在我国分布广泛，也见于俄罗斯、朝鲜半岛等地；已知化石标本均产自北京周口店第一和第三地点，中更新统。

评注 Bien（1934）报道了产自周口店第一和第三地点的蛙类零散骨骼化石，将约900 件标本归入 *Bufo bufo* cf. *asiaticus*，其中包括产自第一地点的一段不完整脊柱，32 个荐前椎，8 个荐椎，14 个尾杆骨，1 个鳞骨，1 个副蝶骨，4 个乌喙骨，17 个肩胛骨，56 个雄性肱骨，73 个雌性肱骨，103 个桡尺骨，109 个髂骨，95 个股骨，116 个胫腓骨，数个胫跗骨和腓跗骨，数个指骨，以及第三地点的 23 个荐前椎，3 个荐椎，10 个尾杆骨，2 个鳞骨，2 个副蝶骨，3 个翼骨，3 个下颌支，1 个锁骨，5 个乌喙骨，19 个肩胛骨，11 个雄性肱骨，42 个雌性肱骨，24 个桡尺骨，34 个髂骨，25 个股骨，47 个胫腓骨，数个胫跗骨和腓跗骨，数个指骨。Bien（1934）指出该种在古北区广泛分布，常见于西伯利亚东部、中国东北和华北地区。文章进行了简单的描述并提供了 2 张粗略的线描插图和 22 张照片。遗憾的是这批蛙化石虽然数量众多（约 900 件），但均为零散标本，且只编了 C.L.G.S.C. CC1715–1730 合计 16 个编号，为后期整理工作带来一定困难。目前这批标本仍保留在周口店遗址博物馆，需要进一步的甄别和研究。

针对 *Bufo bufo asiaticus* 的系统分类，Sanchiz（1998）认为这个亚种很可能属于 *Bufo gargarizans* Cantor, 1842 支系。美国自然历史博物馆的 Amphibian Species of the World 网站认为该亚种应直接归入 *Bufo gargarizans*。本书采用此方案。

对其时代，原文认为第一和第三地点的时代为“Upper Polycene”。第一地点即北京猿人遗址，时代为中更新世，根据近年的研究，第三地点的动物群时代应晚于北京猿人，早于山顶洞人。推测其时代可能是中更新世晚期。

山东蟾蜍 *Bufo shandongensis* Roček, Dong, Přikryl, Sun, Tan et Wang, 2011

（图 32）

Bufo linquensis：杨钟健，1977，76 页，图版 I；高克勤，1986，67 页；Roček et Rage, 2000b, p. 1353

Bufo shandongensis：Roček et al., 2011, p. 499

正模 (SDM) JMSP H11-038（ShM H11-038，Li et al., 2008），保存于灰黄色硅质页岩中的不完整骨架。产自山东临朐山旺。该标本在命名文献（杨钟健，1977，76 页）中被指定为临朐蟾蜍的副模（仅在正文部分）。标本由三个部分组成，下部有背面保存的后肢、部分脊柱和腰带；中部其实是下部岩板的负面，不但保存了部分脊柱和腰带，也保存了部分前肢和肩带骨骼，但该部分与下部呈反向粘贴；上部仅保存于头骨的前部。Roček 等（2011）指出，该标本为归入"临朐蟾蜍"的唯一标本，因此根据国际动物命名法规的第 73.1.2 条（ICZN Art. 73.1.2），它应被指定为新命名的种（山东蟾蜍 *Bufo shandongensis*）的正模。标本现藏于山东博物馆。

鉴别特征 大型的蟾蜍种，头骨短且宽圆；副蝶骨宽不及长度的一半，且侧翼垂直于长轴；荐椎横突的前缘垂直于身体长轴，后缘稍向后倾，故荐椎横突略扩展；尾杆骨与荐椎的关节类型为双髁关节；胫腓骨比股骨短。

产地与层位 山东临朐山旺，中中新统山旺组。

评注 Roček 等（2011）在高克勤（1986）和 Sanchiz（1998）的研究基础上，基于对正模的重新观察，提出了上述鉴别特征。山东蟾蜍代表了北半球最老的保存为骨架的蟾蜍类，它是欧亚大陆上经历了古新世与中新世早期之间的一个大的时间间隔后重新出现的无尾类代表（Rage, 2003; Rage et Roček, 2003）。

杨钟健（1977）指定一标本 [后被编号为 (SDM) JMSP H11-039] 为临朐蟾蜍的正模标本，后该标本被归入大锄足蟾属并指定为强壮大锄足蟾属的副模（高克勤，1986）。新的研究（Roček et al., 2011）表明"强壮种"无效，而正模是种名的承担者，故该种应为临朐大锄足蟾的正模（虽然后来丢失了）；临朐蟾蜍的副模仍归入蟾蜍属，并建立新种（山东蟾蜍），指定(SDM) JMSP H11-038为山东种的正模。

伪黄条背蟾蜍属 Genus *Pseudepidalea* Frost, Grant, Faivovich, Bain, Haas, Haddad, de Sá, Channing, Wilkinson, Donnellan, Raxworthy, Campbell, Blotto, Moler, Drewes, Nussbaum, Lynch, Green et Wheeler, 2006

模式种 欧洲绿蟾蜍 *Pseudepidalea viridis* (Laurenti, 1768)

中国已知种 根据 AmphibiaWeb（2012）统计，该属在我国有 3 个现生种：塔里木

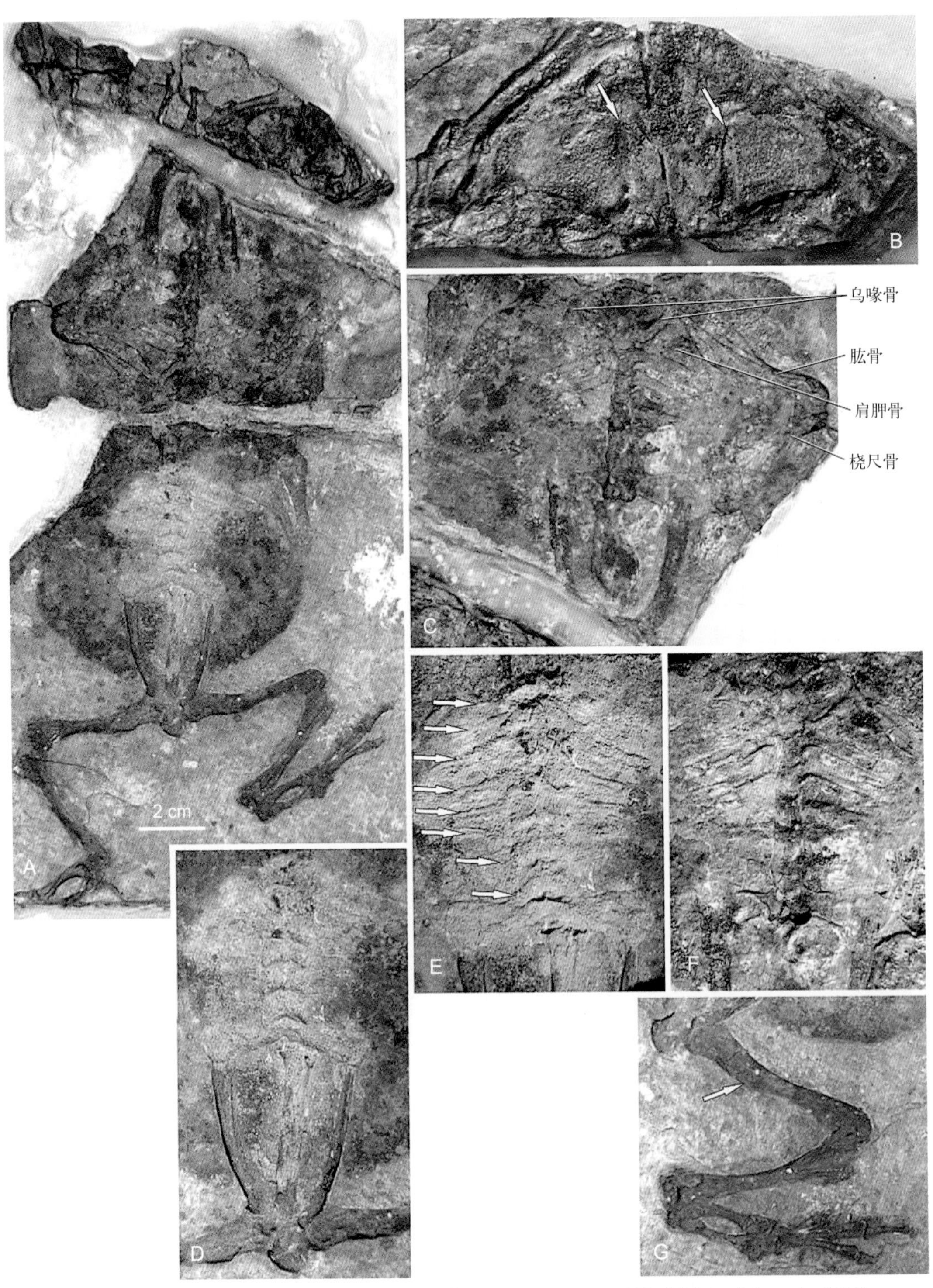

图 32　山东蟾蜍 *Bufo shandongensis* 的正模 [(SDM) JMSP H11-038]（引自 Roček et al., 2011）

A. 正模标本，分为上、中、下三部分；B. 正模中的上部分，头部（腹视），箭头指示额顶骨的前端；C. 正模中的中部分，脊柱和腰带骨骼印痕（腹视）；D. 正模下部分的局部放大，显示脊柱和腰带骨骼（背视）；E, F. 正模下部分和中部分的脊柱部分放大，显示具有 8 个荐前椎；G. 正模的后肢骨骼伪黄条背蟾蜍（*Pseudepidalea pewzowi*）、花背伪黄条背蟾蜍（*P. raddei*）和札达伪黄条背蟾蜍（*P. zamdaensis*）；其中花背伪黄条背蟾蜍有化石代表。

分布与时代 欧洲、北非、中东、西亚、中亚、南亚、东亚等，更新世至今。

评注 Frost 等（2006）根据分子生物学研究，基于其与 *Epidalea* (*Epidalea calamita*) 可能较远的系统演化距离（phylogenetic distance）以 *Bufo viridis* Laurenti, 1768 为模式种，建立新属伪黄条背蟾蜍属（*Pseudepidalea*），包括 10 个种。但未提供该属的骨骼学鉴别特征。尽管很多学者提出 *Epidalea* + *Pseudepidalea* 支系的单系性，但并未进行足够的检验。Frost 等（2013）认为该属应包括 16 个种，而 AmphibiaWeb（2012）对此的统计数为 18 种。

花背伪黄条背蟾蜍 *Pseudepidalea raddei* (Strauch, 1876) Wang, Zhang et Sun, 2008

Bufo raddei：Strauch, 1876; Bien, 1934

产地与层位 现生代表在我国北方分布广泛，也见于蒙古、俄罗斯和朝鲜半岛等地；已知化石标本仅见于北京周口店第一和第三地点，中更新统。

评注 周口店第一地点发现了 19 个雄性肱骨，13 个雌性肱骨，43 个髂骨，37 个股骨和 96 个胫腓骨；第三地点发现 2 个雄性肱骨，1 个雌性肱骨，6 个髂骨，6 个股骨和 11 个胫腓骨。Bien（1934）将上述 234 件标本归入 *Bufo raddei*，但仅编了 9 个标本编号（C.L.G.S.C. CC1731–1739）。文章也进行了简单的描述并提供了 2 张粗略的线描插图和 9 张图版照片，包括有较大鉴别意义的肱骨和髂骨。目前这批标本仍保留在周口店遗址博物馆，需要进一步的甄别和研究。

蛙科 Family Ranidae Rafinesque, 1814

概述 滑体两栖亚纲无尾目之一科。属于典型新蛙类（neobatrachians）成员。本科包括 9 属 371 个现生种（AmphibiaWeb, 2012），以及 8 个有效的含化石代表的现生或化石属（Martín et Sanchiz, 2012）。在所有属中，以林蛙属（*Rana*）的种类最多。中国有 4 亚科［即蛙亚科（Raninae）、叉舌蛙亚科（Dicroglossinae）、湍蛙亚科（Amolopinae）和浮蛙亚科（Occidozyginae）］20 属 124 种（费梁等，2009b）。

鉴别特征 大多数种类上颌具齿，少有头骨骨片缺失的情况；具腭骨；通常具耳柱骨和方轭骨；无副舌骨；椎体前凹型或参差型（第八荐前椎的椎体双凹，荐椎椎体双凸），荐前椎8枚；大多数属的神经弓不叠覆，无肋骨，后面的荐前椎横突延长；荐椎横突圆柱状，以双骨髁与尾杆骨相关节；肩带固胸型（个别为弧固胸型），肩胛骨长，前端不与锁骨重叠；跟骨、距骨仅在两端并合，远端跗骨2–3枚。多数皮肤光滑或有疣粒。

中国已知属 现生属（费梁等，2009b）有林蛙属（*Rana*）、侧褶蛙属（*Pelophylax*）、趾沟蛙属（*Pseudorana*）、水蛙属（*Hylarana*）、陆蛙属（*Fejervarya*）、虎纹蛙属（*Hoplobatrachus*）、粗皮蛙属（*Rugosa*）、腺蛙属（*Glandirana*）、臭蛙属（*Odorrana*）、大头蛙属（*Limnonectes*）、棘蛙属（*Paa*）、舌突蛙属（*Liurana*）、倭蛙属（*Nanorana*）、小岩蛙属（*Micrixalus*）；化石属有林蛙属（*Rana*）、侧褶蛙属（*Pelophylax*）等。

分布与时代 全球，白垩纪至今。

评注 Bossuyt 等（2006）使用分子生物学方法，分析了蛙科的系统发育关系和早期生物地理发展史，发现每个主要演化支系都与一个特定的冈瓦纳板块具有历史相关性。这种相关性说明板块构造运动在蛙科动物的分布中起了重要的作用。另外，系统发育分析显示，主要分布于非洲的 Ptychadeninae 亚科构成了其他蛙科成员的姐妹群，说明该科可能起源于非洲。分子钟分析显示，有些类群（如 Rhacophorinae、Dicroglossinae、Raninae 等亚科）的祖先种类是通过印度次大陆进入欧亚大陆的，而 Ceratobatrachinae 亚科的祖先是通过澳大利亚、新几内亚进入欧亚大陆的。

林蛙属 Genus *Rana* Linnaeus, 1758

模式种 *Rana temporaria* Linnaeus, 1758

鉴别特征 鼻骨小，内缘短且左右平行，间距宽；鼻骨与蝶筛骨和额顶骨分开；蝶筛骨前部显露；额顶骨一般前窄后宽；鳞骨的颧支杆状；前耳骨大；肩胸骨基部不分叉；中胸骨细长呈杆状；指（趾）骨末端略膨大。

中国已知种 现生种有中国林蛙（*Rana chensinensis*）、阿尔泰林蛙（*R. altaica*）、黑龙江林蛙（*R. amurensis*）、桓仁林蛙（*R. hanrenensis*）等62种（AmphibiaWeb, 2012）；化石种有玄武？林蛙（*R. basaltica*?）、三趾马？林蛙（*R. hipparionum*?）、榆社林蛙（*R. yushensis*）三种，另外中亚林蛙（*R. asiatica*）兼具现生和化石代表。

分布与时代 欧洲、亚洲、北美洲、非洲、中美洲，以及南美洲的北部，古新世至今。

评注 林蛙属（*Rana*）是现生两栖类中最早被命名的属之一。它与蟾蜍属（*Bufo*）代表两类形态差异明显的无尾类两栖动物，也因此成为人类最早认识的两栖类之一。林蛙类与蟾蜍类的主要区别体现于肩带结构、皮肤表面特征、乃至跳跃能力和耐旱能力等。目前该属有266种（AmphibiaWeb, 2012）。费梁等（2009b）提出了上述林蛙属的骨骼学鉴别特征。

中亚林蛙 *Rana asiatica* Bedriaga, 1898

产地与层位 现生代表见于中国（新疆）、哈萨克斯坦和吉尔吉斯斯坦等地；化石标本仅见于北京周口店第三化石点，中更新统。

评注 Bien（1934）报道了产自周口店第三地点的蛙类化石，将16件雄性肱骨、12件雌性肱骨和31件胫腓骨归入此种，并指出该种产自西伯利亚东部和我国甘肃、鄂尔多斯、山西、陕西和河北（靠近内蒙古）等地。文章进行了简单的描述并提供了1张粗略的线描插图和5张照片。对其时代，原文为“Upper Polycene”，根据新的研究，第三地点的动物群时代应晚于北京猿人，早于山顶洞人。推测可能是中更新世晚期。遗憾的是这批蛙化石虽然有59件之多，但只有C.L.G.S.C. CC1746–1747两个编号，为后期工作带来一定困难。目前这批标本仍保留在周口店遗址博物馆，需要进一步的研究。

玄武？林蛙 *Rana basaltica*? Young, 1936

（图33，图34）

正模 原始命名文章中，没有指定正模（Young, 1936），但该种的建立基于唯一一件未编号的几近完整的骨骼及身体印痕标本，因此根据国际动物命名法规第73.1.2条，此标本即为正模。此标本现已遗失。产自山东临朐山旺。

新模 IVPP V 11706（图34，E1，E2），保存为腹面的几近完整的骨骼，与正模产自相同的地点和层位，并具有相同的保存特征和身体比例。产自山东临朐山旺。

归入标本 IVPP V 12355（图34，D）、IVPP V 12356（图34，C）、IVPP V 14263（图34，B1–B3）、IVPP V 14264（图34，A1–A3）、IVPP V 14265、JMSP 750159、JMSP 80.6和SDM 9900019。SDM 9900018、SDM 9900020和SDM 9900021三件标本也有可能属于玄武林蛙。以上归入标本均保存为较完整骨骼。

鉴别特征 小型林蛙属蛙类（根据发育程度不同及已知标本数据，吻臀距29–46 mm）；头骨前端渐窄，使头型呈三角形；头长稍小于最大头宽；额顶骨表面光滑，从腹侧观察具有显著的增厚区域；后部荐前椎的横突与身体中线垂直；尾杆骨与荐椎双髁关节；髂骨具显著背脊；后肢较长（吻臀距：股骨与胫腓骨长度

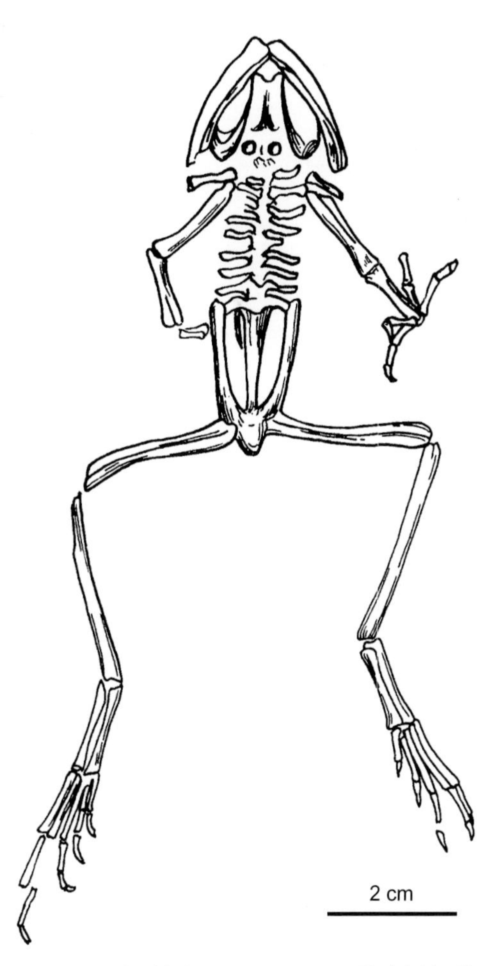

图33 玄武？林蛙 *Rana basaltica*? 正模（未编号）的骨骼素描图（腹视）（引自 Young, 1936）

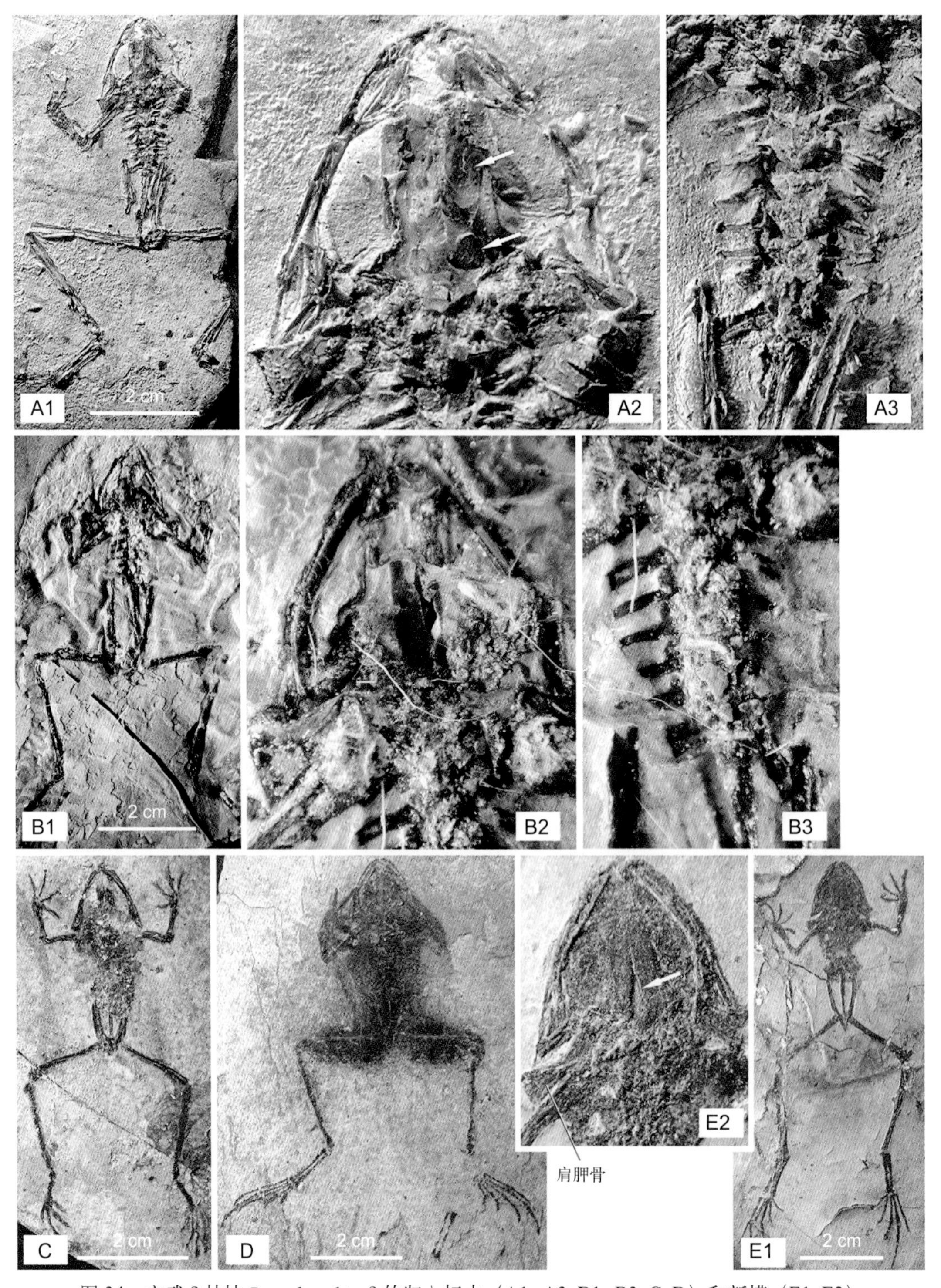

图 34　玄武？林蛙 *Rana basaltica*? 的归入标本（A1–A3, B1–B3, C, D）和新模（E1, E2）（引自 Roček et al., 2011）

A1, A2, A3. IVPP V 14264 照片及其头骨和脊椎腹视；B1, B2, B3. IVPP V 14263 的照片及其头骨和脊柱腹视；C. IVPP V 12356; D. IVPP V 12355; E1, E2. 新模 (IVPP V 11706) 及其头骨背视

之和=0.85–1.08），且胫腓骨显著长于股骨（股骨长度：胫腓骨长度=0.71–0.90），显示该蛙具有较强的跳跃能力。

产地与层位 山东临朐山旺，中中新统山旺组。

评注 Young（1936）描述了山东临朐县的一个小型蛙类，并提供了标本正负面的照片和骨骼线条图。该标本产自山旺村附近的纸状页岩中，吻臀距29 mm。杨钟健将其命名为*Rana basaltica*，作为林蛙属（*Rana*）的一个新种。原文为英文论文，后来有学者将其翻译为玄武蛙，并沿用至今。本书依据命名规范，将其译为“玄武林蛙”，以明确这是林蛙属下的一种。杨钟健的原始命名论文并没有提供更多的信息，如能够显示标本储存地的标本编号。王原、Zbyněk Roček等于2008–2009年先后访问山东博物馆、山旺国家地质公园、山东古生物博物馆等，均未发现此件标本。中国科学院古脊椎动物与古人类研究所和北京自然博物馆等杨钟健工作过的单位也没有此标本。推测该标本已经遗失。由于Young（1936）没有指定正模，提供标本编号，提供标本收藏单位信息，也未能提供足够的分类学鉴别特征，Sanchiz（1998）将其作为疑难学名（nomen dubium），并提出该种可能属于*Rana asiatica*支系。由于正模已经丢失，Roček等（2011）基于新标本的研究，建立了玄武林蛙的新模（neotype），并重新修订了其鉴别特征。但Roček等（2011）在建立新模的同时，也指定一件具有重要鉴别特征的标本（IVPP V 14264，其额顶骨具有显著的增厚区域，与正模中的情况完全相同）为副模（paratype）。但根据国际动物命名法规第72.1.1条和第72.4.5之规定，副模应当是原始命名文章中指定的，或按规则自动获得副模身份的标本。作为一篇修订性的文章，Roček等（2011）不具有指定副模的资格，所以其指定应是无效的。Roček等（2011）在描述中提到了玄武林蛙的一些重要骨骼学特征，如头骨前端渐窄，使头型呈三角形；额顶骨表面光滑，从腹侧观察具有显著的增厚区域；后部荐前椎的横突与身体中线垂直；尾杆骨与荐椎双关节；髂骨具显著背脊等，但没有将它们归入鉴别特征。本书把上述特征加入到鉴别特征中，以期更好鉴别该种。然而总体观察，除了身体比例等特征，该种还是缺乏有效的鉴别特征，故本书在*basaltica*种名后加“？”以示存疑。

值得注意的是，玄武林蛙的产地还有很多蝌蚪标本（图 35），根据其卵圆形的身体外形，似应归入林蛙属（*Rana*）。但由于标本保存原因，进一步的分类还成问题，也无法准确判断哪些蝌蚪是玄武林蛙的幼体。

三趾马? 林蛙 ***Rana hipparionum*? Schlosser, 1924**

正模 原命名文章未指定正模。但所描述标本均产自内蒙古化德（包括 Ertemte 和 Olan Chorea 两个地点）。

鉴别特征 Schlosser（1924）在其命名文章中没有提供任何鉴别特征，仅称这批标

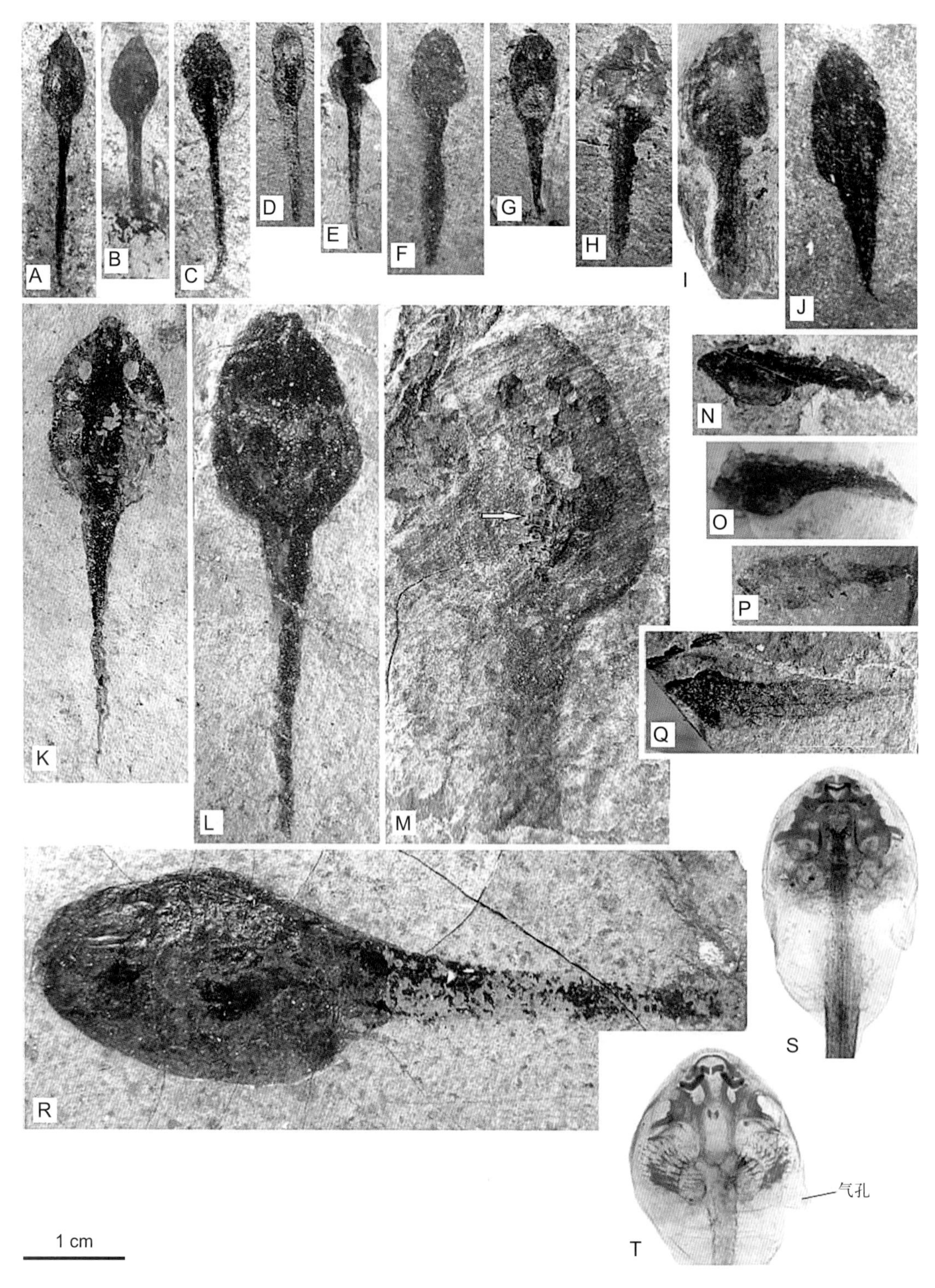

图 35　与玄武林蛙同产地的林蛙类蝌蚪化石（A–R）及其与现生林蛙类蝌蚪（S, T）的比较
（引自 Roček et al., 2011）

本中最大的材料与 *Rana esculenta* 的大小一致。

产地与层位 内蒙古乌兰察布化德Ertemte和Olan Chorea地点，上中新统/下上新统。

评注 Schlosser（1924）提供了10件标本的手绘图片，包括1个右乌喙骨（图注误为“左乌喙骨”）、1个右髂骨（图注误为“左坐骨”）、1个荐椎和1个背椎（图注将此二者颠倒了）、一大一小2个肱骨、1个右肩胛骨（图注误为“左肩胛骨”）、1段保存了近端的股骨、1个胫腓骨的近端和1个胫腓骨的远端（图注误为“胫骨、腓骨”）。Schlosser（1924）称“这些化石大小差别明显，但都可以归入一种，根据肱骨数量判断，代表至少60个个体，它们涵盖了除蝌蚪外的所有演化阶段”。作者将这些材料命名为 *Rana hipparionum*，但未明确词源。本书推测该种的命名应该来自地层中所含的三趾马化石。由于没有提供任何有意义的鉴别特征，Sanchiz（1998）认为该种是存疑种（nomen dubium）。Schlosser 所记载的这批无尾类化石标本目前应保存在瑞典乌普萨拉大学，也应代表我国无尾类化石已知最早的科学记录。

榆社林蛙 *Rana yushensis* Liu, 1961

（图 36）

正模 IVPP V 2460，一保存在正负面对开岩石上的相互关节在一起的几乎完整的骨骼，其中化石骨骼大多保存在显示背视的标本上，显示腹视的标本仅保存脊椎之前的左侧部分和部分右前肢。产自山西武乡张村。

鉴别特征 头呈三角形，头宽略大于长；上颌直，吻部相对较尖；额顶骨较宽，呈长梯形，后部稍宽；眼眶椭圆形，前端稍窄于后端；脊椎宽大于长，第二个荐前椎的横突远端向前倾斜，第三个荐前椎的横突与脊柱垂直，第四至第八个荐前椎横突略向后倾斜，第五至第八荐前椎的横突与前三对横突的粗细、长短差别不大；后肢细长，胫腓骨略长于股骨；指骨末端不膨大。

产地与层位 山西武乡张村小南沟，上上新统。

评注 刘玉海（1961）认为该标本与*R. nigromaculata*最为相似，但以“头长小于头宽、额顶骨较宽、荐前椎横突的粗细、长度差别不大”等特征与之相区别。该标本代表无尾类化石在山西的首次发现，同产地还发现了大量鱼类化石。原命名文章同时提供了拉丁名（*Rana yushensis*）和中文译名（榆社蛙），但根据译名规范，本书将其中文译名更改为“榆社林蛙”，以明确这是林蛙属下的一种。

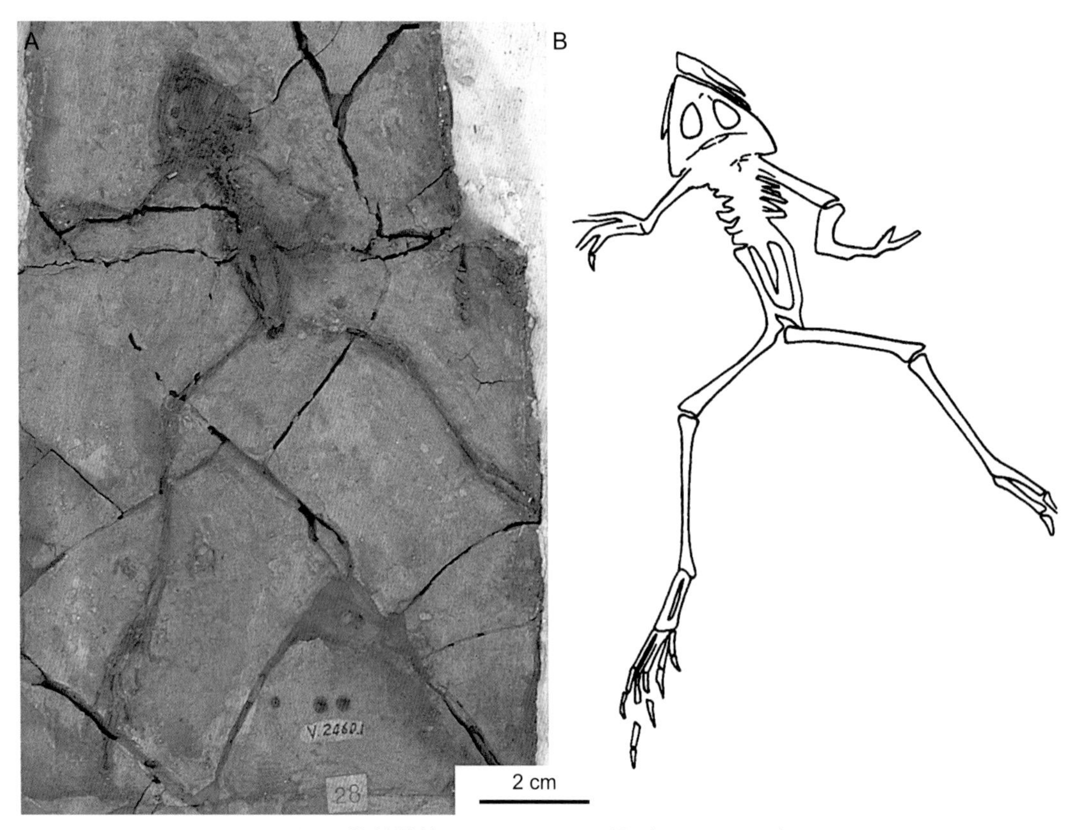

图36　榆社林蛙*Rana yushensis*正模（IVPP V 2460）
化石照片（A）（王原 摄）和骨骼素描图（B）（背视）（引自刘玉海, 1961）

林蛙属分类不定 *Rana* indet.

Roček 等（2011）在重新研究山东山旺中新世无尾类化石的文章中，也把不同单位收藏的、并未研究描述的一些标本进行了分类，其中有些标本归入了林蛙属分类不定，包括 IVPP V 14266、IVPP V 14267、IVPP V 16893、(SDM) JMSP HII.014、(SDM) JMSP QiLin 01 和 (SDM) JMSP（未编号）等具有较完整骨骼的标本，也包括 IVPP V14277、(SDM) MSPJ 750150 等正在变态期的蝌蚪标本。

侧褶蛙属 Genus *Pelophylax* Fitzinger, 1843

模式种　*Rana esculenta* Linneus, 1758

鉴别特征　鼻骨较大，两内缘分离或在前方相切，并与额顶骨相接；额顶骨窄长；前耳骨大；鳞骨的颧支长（约为耳支长的两倍）；肩胸骨基部不分叉，中胸骨较长，基部较粗；舌角前突细短；指（趾）骨节末端略膨大或尖（费梁等，2009b）。

中国已知种 现生种有湖北侧褶蛙（*Pelophylax hubeiensis*）、福建侧褶蛙（*P. fukienensis*）、金线侧褶蛙（*P. plancyi*）、黑斑侧褶蛙（*P. nigromaculatus*）、中亚侧褶蛙（*P. terentievi*）、黑斜线侧褶蛙（*P. nigrolineatus*）、滇侧褶蛙（*P. pleuraden*）和胫腺侧褶蛙（*P. shuchinae*）8种。其中黑斑侧褶蛙有化石代表。

分布与时代 欧亚大陆广泛分布，个别种进入北非。更新世至今。

评注 该属在建立之初被认为是旧大陆的绿蛙类（green frogs），与欧洲常见的棕色的塘蛙（*Rana*属）相区别。侧褶蛙类也被俗称为“水蛙”（water frogs），比*Rana*属更依赖于水中生活。

黑斑侧褶蛙 *Pelophylax nigromaculatus* (Hallowell, 1861) Wang, Zhang et Sun, 2008

Rana nigromaculata：Bien, 1934

产地与层位 现生代表见于中国（东部和东北部）、俄罗斯、朝鲜半岛和日本；化石种见于北京周口店第三地点，中更新统。

评注 Bien（1934）报道了产自周口店第三地点的蛙类化石，将1件雄性肱骨、2件雌性肱骨、4件髂骨和15件胫腓骨归入*Rana nigromaculata*，并指出该种分布广泛，见于“Vladivostok to Bangkok”（海参崴至曼谷）。文章进行了简单的描述并提供了2张粗略的线描插图和6张标本照片。此22件标本，仅有6个标本编号C.L.G.S.C. CC（CC1740–1745）。目前这批标本仍保留在周口店遗址博物馆，需要进一步的甄别整理。另外，近年的现生无尾类分类学研究将该种归入了侧褶蛙属（*Pelophylax*）（Wang et al., 2008；费梁等，2009b；Frost et al., 2013）。本书采用此种分类方案。

无尾目科未定 Anura incertae familiae

辽蟾属 Genus *Liaobatrachus* Ji et Ji, 1998

Callobatrachus：王原、高克勤，1999，637页，图1

Mesophryne：Gao et Wang, 2001, p. 461, figs. 2–4

Dalianbatrachus：高春玲、刘金远，2004，2页，图1，图版1

Yizhoubatrachus：Gao et Chen, 2004, p. 762, figs. 2–3

模式种 葛氏辽蟾 *Liaobatrachus grabaui* Ji et Ji, 1998

鉴别特征 一类中等大小的原始冠群无尾类，吻臀距56–94 mm，具有以下的组合特征：头骨短宽，顶部膜质骨片无纹饰；上颌骨前端深且分叉，具有翼突；具有方轭骨；两鼻骨广泛接触；额顶骨成对，前部具有一个大的额顶囟；鳞骨T形，不与上颌骨接触；犁骨具有单行排列的齿突（dentigerous process），后内鼻孔突（postchoanal process）长且与前部成锐角；无独立的腭骨；副蝶骨刀状突长，后缘具有后中突；前耳骨与外枕骨愈合；副舌骨V形；具有耳柱骨；荐前椎9个且椎体类型为双凹型；寰椎具有Lynch (1971) II型枕臼（两枕臼主要位于枕骨大孔的腹侧，且相距较近）；第2至第4荐前椎上具有肋骨；荐椎横突扩展呈扇形，荐椎以单髁与尾杆骨相互关节；尾杆骨前端具有一对横突；肩带为弧胸型，锁骨强烈弯曲且远端覆盖在肩胛骨内端的前缘；肩胛骨短且前缘较直；匙骨远端不分叉；髂骨不具背突、背脊，上升部和下降部都不发育；腕骨中无中间腕骨（intermedium）；具有一个或两个拇前指成分。股骨与胫腓骨近似等长，或股骨略长于胫腓骨。

中国已知种 葛氏辽蟾（*Liaobatrachus grabaui*）、北票辽蟾（*L. beipiaoensis*）、细瘦辽蟾（*L. macilentus*）和赵氏辽蟾（*L. zhaoi*），均为化石种。

分布与时代 辽宁，早白垩世。

评注 辽蟾属是中国中生代无尾类的首个报道（姬书安、季强，1998）。原始命名论文根据其前凹型椎体、无自由肋等特征将其归入锄足蟾科，但新的研究（Wang et al., 2008；Dong et al., 2013）表明辽蟾属第2至第4荐前椎上具有肋骨，且荐前椎的椎体类型为双凹型，不应归入锄足蟾科。早期的研究（王原、高克勤，1999；Wang et al., 2000；Gao et Wang, 2001）认为“丽蟾属”（“*Callobatrachus*”）是产婆蟾科Alytidae（原称盘舌蟾科Discoglossidae）最基干的成员，但Dong等指出“丽蟾属”的模式种的正模（IVPP V 11525）与辽蟾属的模式种的正模［(GMC) GMV 2126］并无明显差别（见葛氏辽蟾评注），因此“丽蟾属”是无效的属名。“中蟾属”（“*Mesophyrne*”）和“宜州蟾属”（“*Yizhoubatrachus*”）曾被认为是古蛙类（archaeobatrachians）的姐妹群（王原，2002, 2006）。它们与“大连蟾属”（“*Dalianbatrachus*”）都具有辽蟾属的一般特征，如头骨顶部膜质骨片无纹饰、额顶骨具有大的额顶囟、9个荐前椎、3对自由肋，单髁型荐椎-尾杆骨连接等，因此“中蟾属”、“宜州蟾属”和“大连蟾属”也应归入辽蟾属，从而这三个属也是晚出异名。

Dong等（2013）的研究对比发现上述无尾类材料仅在副蝶骨刀状突的形态、髋臼（acetabulum）的形状、拇前指的成分以及身体比例等方面略有差别，因此将葛氏辽蟾、“三燕丽蟾”、“北票中蟾”、“孟氏大连蟾”和“细瘦宜州蟾”归并为辽蟾属的三个种（葛氏种、北票种、细瘦种），并以葛氏辽蟾作为模式种。其他来自辽西前燕子沟、陆家屯、四合屯、黑蹄子沟、黄半吉沟、河夹心等多个化石点的热河生物群无尾类材料也被归入了辽蟾属，其中来自前燕子沟和陆家屯的无尾类材料则被命名为一个新种：赵氏辽蟾（Dong et al., 2013）。

辽蟾属的骨骼特征与现生的尾蟾科、滑蹠蟾科、产婆蟾科、铃蟾科相近，但其较多的荐前椎数目（9个）、双凹型椎体、单髁型荐椎-尾杆骨关节（sacro-urostylar articulation）表明辽蟾属不能归入这些现生科中；与其他中生代化石无尾类的对比显示：虽然辽蟾与中亚的戈壁蟾属（*Gobiates*）和白垩蟾属（*Cretasalia*）最为接近，但它们的头骨骨骼具有明显的差别，故而不能将辽蟾属归入戈壁蟾科。本书将辽蟾属暂归入无尾目科未定。

辽蟾属产出的最低层位是义县组的陆家屯层（赵氏辽蟾），最高层位是义县组的大王杖子层（细瘦辽蟾），因此辽蟾属的延续时间大约为3–5 Ma（张宏等，2006；Zhou, 2006）。

葛氏辽蟾 *Liaobatrachus grabaui* Ji et Ji, 1998

（图 37）

Callobatrachus sanyanensis：王原、高克勤，1999，637 页，图 1；Wang et al., 2008, Fig. 15

正模 (GMC) GMV 2126，一保存不完整的骨架，脊柱、腰带及部分后肢关联在一起，但头骨、肩带及四肢骨骼零散保存在骨架周围。产自辽宁北票四合屯。

归入标本 IVPP V 11525，一保存较为完整的骨架及印痕；(NIGPAS) MV 77，一保存较完整的骨架；(CBFNG) CYH 004，一保存较完整的骨架和印痕。

鉴别特征 与辽蟾属的其他种相比，该种的荐前椎总长较长，后肢相对较短，股骨与胫腓骨几乎等长，上颌骨上具有明显腭突（palatine process），拇前指仅有一个指节。

产地与层位 辽宁北票四合屯，下白垩统义县组尖山沟层。

评注 葛氏辽蟾正模［(GMC) GMV 2126］的保存状况并不好，因此前期的研究对一些特征的描述较为简单（姬书安、季强，1998），且存在着疑问，如荐前椎的椎体类型、自由肋是否存在等（Wang et Evans, 2006a；王原，2006）。Dong等（2013）对(GMC) GMV 2126的重新观察发现其额顶骨成对而不是愈合，荐前椎的椎体类型无法确定，但不是前凹型，它的第2至第4荐前椎横突上具有自由肋而不是横突较长。

“三燕丽蟾”是我国报道的第二种中生代无尾类，也是热河生物群中被接受程度最高的无尾类种类。其正模 IVPP V 11525 的保存状况较 (GMC) GMV 2126 要完整和精美，“丽蟾”这一属名便来源于此。但对这一标本进行重新研究发现，该个体的荐前椎椎体类型是双凹型而不是后凹型，荐椎 - 尾杆骨关节类型也无法确定（Dong et al., 2013）。对于 IVPP V 11525 和 (GMC) GMV 2126 的特征修正结果显示这两个个体除了桡尺骨鹰嘴发育程度不同外并无差别，因此 IVPP V 11525 应归入 (GMC) GMV 2126 所属的葛氏辽蟾中，而“三燕丽蟾”为无效命名。

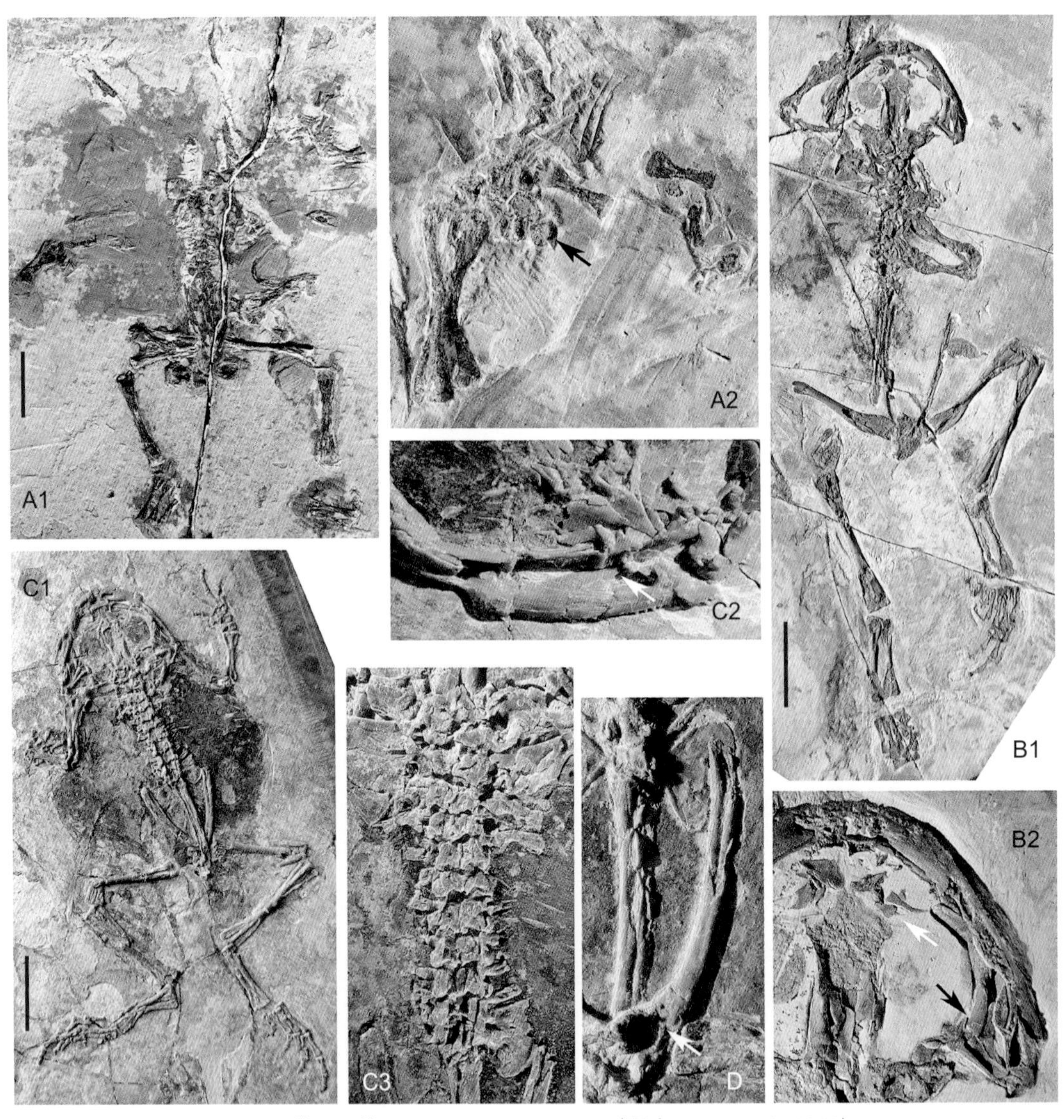

图 37　葛氏辽蟾 *Liaobatrachus grabaui*（引自 Dong et al., 2013）

A1，A2. 正模［(GMC) GMV 2126］，背视：A1. 化石照片，A2. 关联的桡尺骨、腕骨和指骨；B1，B2. 归入标本（IVPP V 11525），背视：B1. 骨架，B2. 部分头骨骨骼；C1–C3. 归入标本［(NIGPAS) MV 77］，背视：C1. 骨架，C2. 头骨的吻部，C3. 荐前椎和荐椎；D. 归入标本（CYH 004）的部分腰带。比例尺长2 cm

北票辽蟾 *Liaobatrachus beipiaoensis* (Gao et Wang, 2001) Dong, Roček, Wang et Jones, 2013

（图 38）

Mesophryne beipiaoensis：Gao et Wang, 2001, p. 461, figs. 2–4; Wang et al., 2008, Fig. 14

Dalianbatrachus mengi：高春玲、刘金远 , 2004，2 页，图 1，图版 1

正模　(PMOL) LPM 0030，一保存在正负面对开岩石上的相互关节在一起的较完整

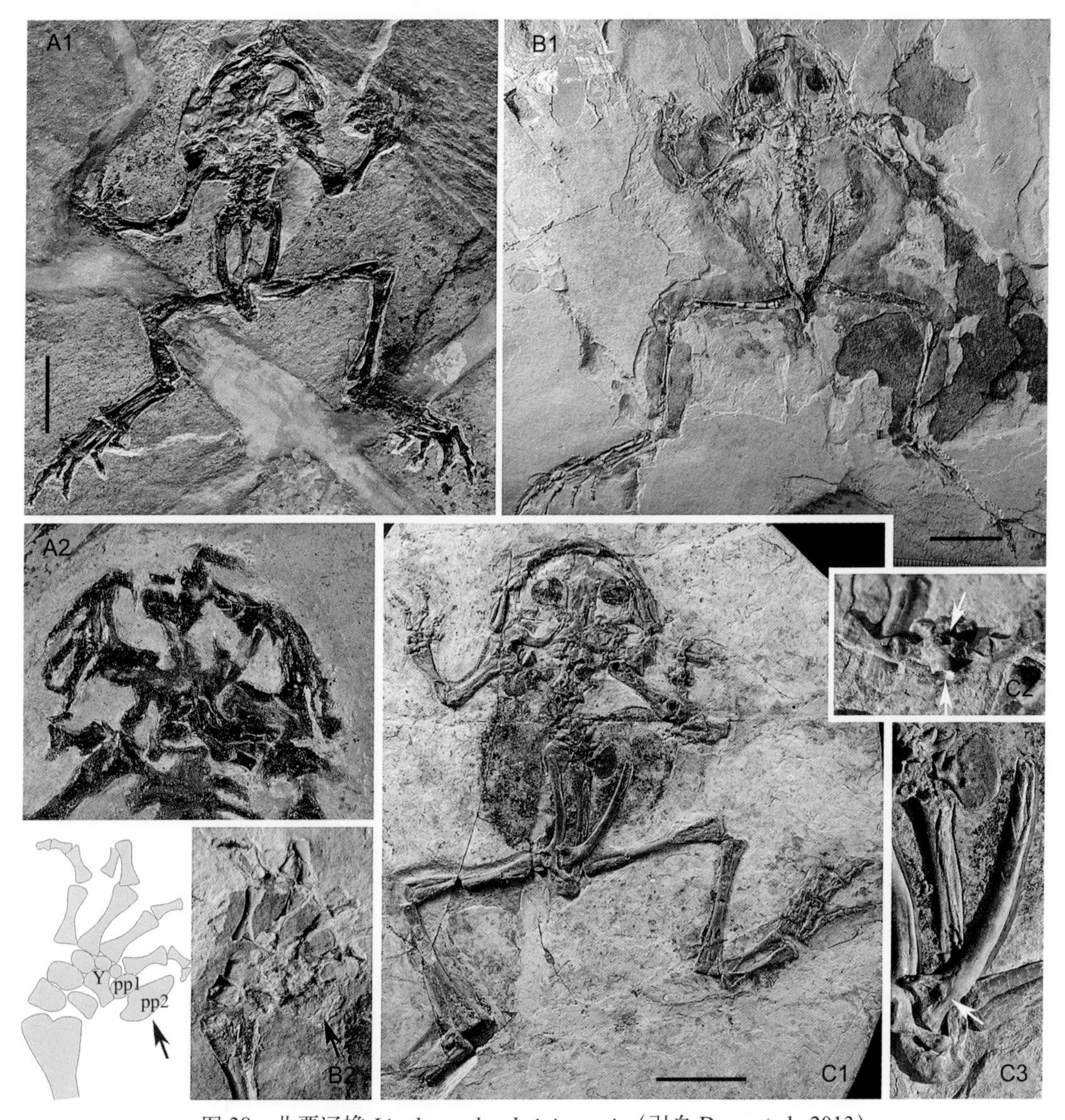

图 38　北票辽蟾 *Liaobatrachus beipiaoensis*（引自 Dong et al., 2013）

A1, A2. 正模［(PMOL）LPM 0030］，腹视：A1. 正面化石照片，A2. 负面头部骨骼照片；B1, B2. 归入标本［(DLNHM) DNM D2166］正面，背视：B1. 化石照片，B2. 腕部的素描图（左）和照片（右）；C1–C3. 归入标本（IVPP V 12717），腹视：C1. 化石照片，C2. 第四荐前椎放大照片，C3. 腰带放大照片。Y. Y元素骨，pp1. 拇前指第一指节，pp2. 拇前指第二指节。比例尺长2 cm

骨骼。产自辽宁北票章吉营黑蹄子沟（黑腿沟）。

归入标本　(DLNHM) DNM D2166，一保存在正负面对开岩石上的相互关节在一起的较完整骨骼；IVPP V 12717，一较完整的骨骼和印痕。

鉴别特征　与辽蟾属的其他种相比，该种的后肢相对较长，股骨略长于胫腓骨，髂骨上的髋臼呈半圆形，拇前指有两个指节。

产地与层位　辽宁北票黑蹄子沟、四合屯、黄半吉沟，下白垩统义县组尖山沟层。

评注 “北票中蟾”的正模［(PMOL) LPM 0030］在原始命名论文中（Gao et Wang, 2001）曾使用IVPP V 11721编号。文章发表之后标本被归还给辽宁省北票市政府，藏于辽宁古生物博物馆并启用了现在的编号LPM 0030。该标本的负面可能已经丢失。新的观察显示，标本 (PMOL) LPM 0030并不具有中间腕骨，且其荐前椎的椎体类型并不能确定为前凹型。该标本具有辽蟾属的一般特征，如具有拟内鼻孔突（parachoanal process）的鼻骨，具有较长的后内鼻孔突的犁骨、9个荐前椎、扇形的荐椎横突、前端具有一对横突的尾杆骨等；但又具有与辽蟾属其他种略不同的身体比例和独特的特征组合，因此建立北票辽蟾这一新的组合。

“孟氏大连蟾”的正模［(DLNHM) DNM D2166］原报道（高春玲、刘金远，2004）使用DNM D2166和DNM D2167两个编号来代表保存在正负面对开岩石上的同一个个体，这不符合古脊椎动物学中对标本编号的一般习惯，因此后期的研究（Dong et al., 2013）中使用 (DLNHM) DNM D2166来代表这一个体。在“孟氏大连蟾”命名后，有研究者曾提出其可能是“北票中蟾”的晚出同物异名（Wang et Evans, 2006a, b）。最新的研究（Dong et al., 2013）修改了标本 (DLNHM) DNM D2166的形态描述，如其额顶骨是成对的而并不是“愈合成杯状”，荐前椎的椎体类型为双凹型而不是后凹型；因此判断“孟氏大连蟾”确实与“北票中蟾”为同一种无尾类——北票辽蟾。

细瘦辽蟾 *Liaobatrachus macilentus* (Gao et Chen, 2004) Dong, Roček, Wang et Jones, 2013

（图 39）

Yizhoubatrachus macilentus：Gao et Chen, 2004, p. 762, figs. 2–3

正模 ZMNH M 8621，一几乎完整的骨架。产自辽宁义县河夹心。

归入标本 IVPP V 12510，一完整的关联在一起的骨骼；IVPP V 12541，一不完整的幼年个体骨骼。

鉴别特征 与辽蟾属其他种相比，细瘦辽蟾的副蝶骨刀状突从前端的 1/3 处突然变窄而呈针状；髂骨上的髋臼略呈三角形；拇前指有两个指节，且远端者大于近端者；股骨略长于胫腓骨。

产地与层位 辽宁义县河夹心、王家沟，下白垩统义县组大王杖子层。

评注 “细瘦宜州蟾”在命名时被认为是一种个体较大的蛙类（吻臀距：115 mm, Gao et Chen, 2004），但后来的重新观察发现它其实是一种中等大小的无尾类（吻臀距：56 mm；Wang, 2006）；另外“细瘦宜州蟾”正模（ZMNH M 8621）的腕骨不骨化、鹰嘴突未完全形成、肱骨头未骨化、左右坐骨不愈合等特征表明它是一个幼年个体。新的研究（Dong et al., 2013）发现，标本ZMNH M 8621的椎体类型为双凹型，荐椎-尾杆骨关

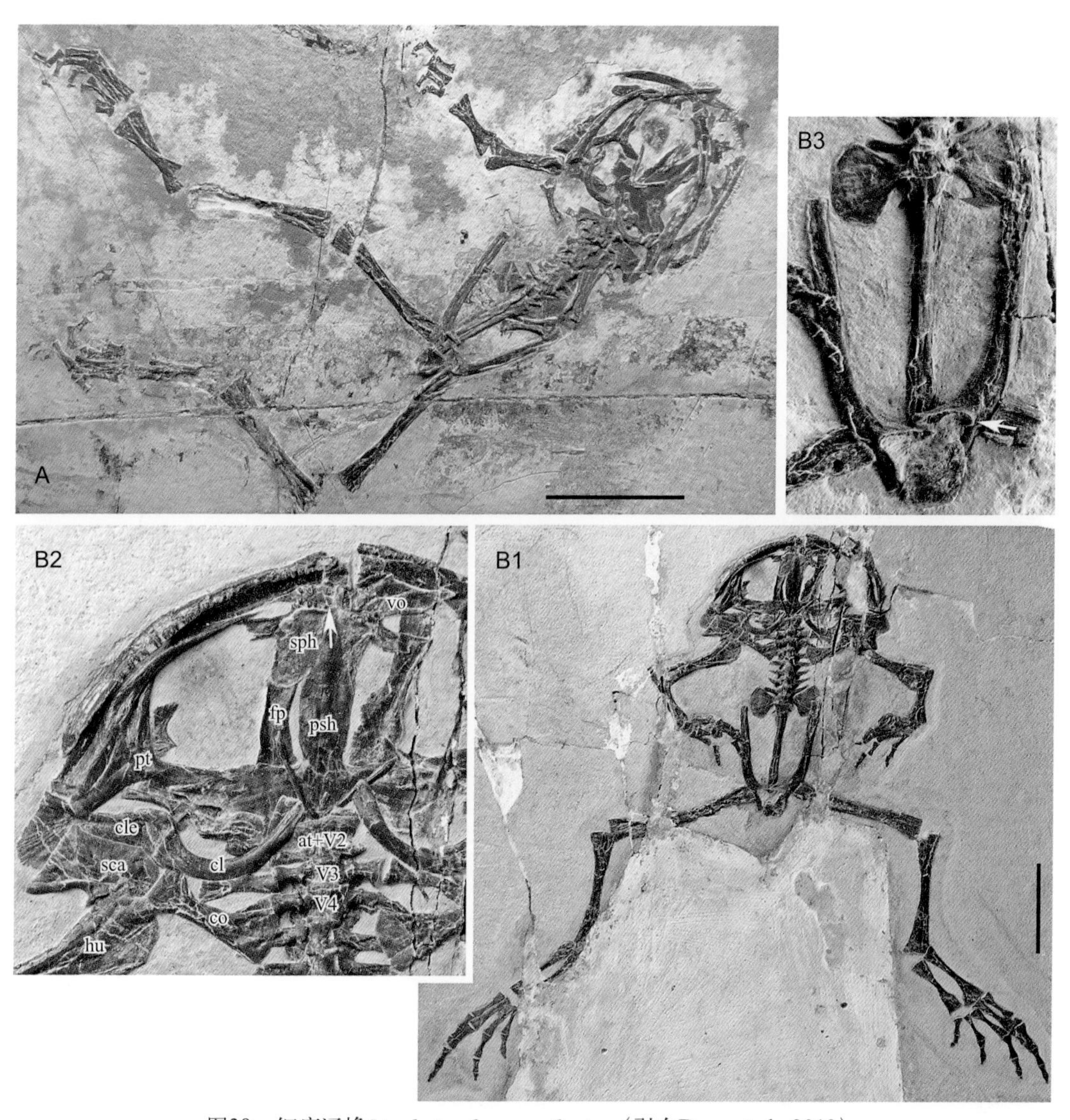

图39　细瘦辽蟾*Liaobatrachus macilentus*（引自Dong et al., 2013）

A. 正模（ZMNH M8621），腹视；B1–B3. 归入标本（IVPP V 12510），腹视：B1. 标本照片，B2. 头部骨骼的素描图，白色箭头示犁骨齿，B3. 腰带部分的放大照片，红色箭头示尾杆骨横突，白色箭头示三角形的髋臼窝。at. 寰椎，cl. 锁骨，cle. 匙骨，co. 乌喙骨，fp. 额顶骨，hu. 肱骨，psh. 副蝶骨，pt. 翼骨，sca. 肩胛骨，sph. 蝶筛骨，V2–V4. 第2至第4荐前椎，vo. 犁骨。比例尺长2 cm

节可能为单髁关节，具有辽蟾属的典型特征。但它的髂骨髋臼略呈三角形，副蝶骨刀状突前端呈针状，从而区别于辽蟾属的其他种而建立细瘦辽蟾这一新的组合（Dong et al., 2013）。与其产自同一地点的成年个体标本IVPP V 12510具有细瘦种的典型特征，同时也补充了细瘦辽蟾腕骨的特征：拇前指具有两个指节。

标本IVPP V 12541是一幼年个体，脊椎的神经弓和椎体还未愈合，长骨的两端向内凹（未发育骨骺），腕骨未骨化。但根据其与正模一致的髂骨、副蝶骨和上颌骨等特征，将其归入细瘦辽蟾。

赵氏辽蟾 *Liaobatrachus zhaoi* Dong, Roček, Wang et Jones, 2013

（图 40，图 41）

正模 IVPP V 14979.1，一几乎完整的骨架。产自辽宁北票前燕子沟。

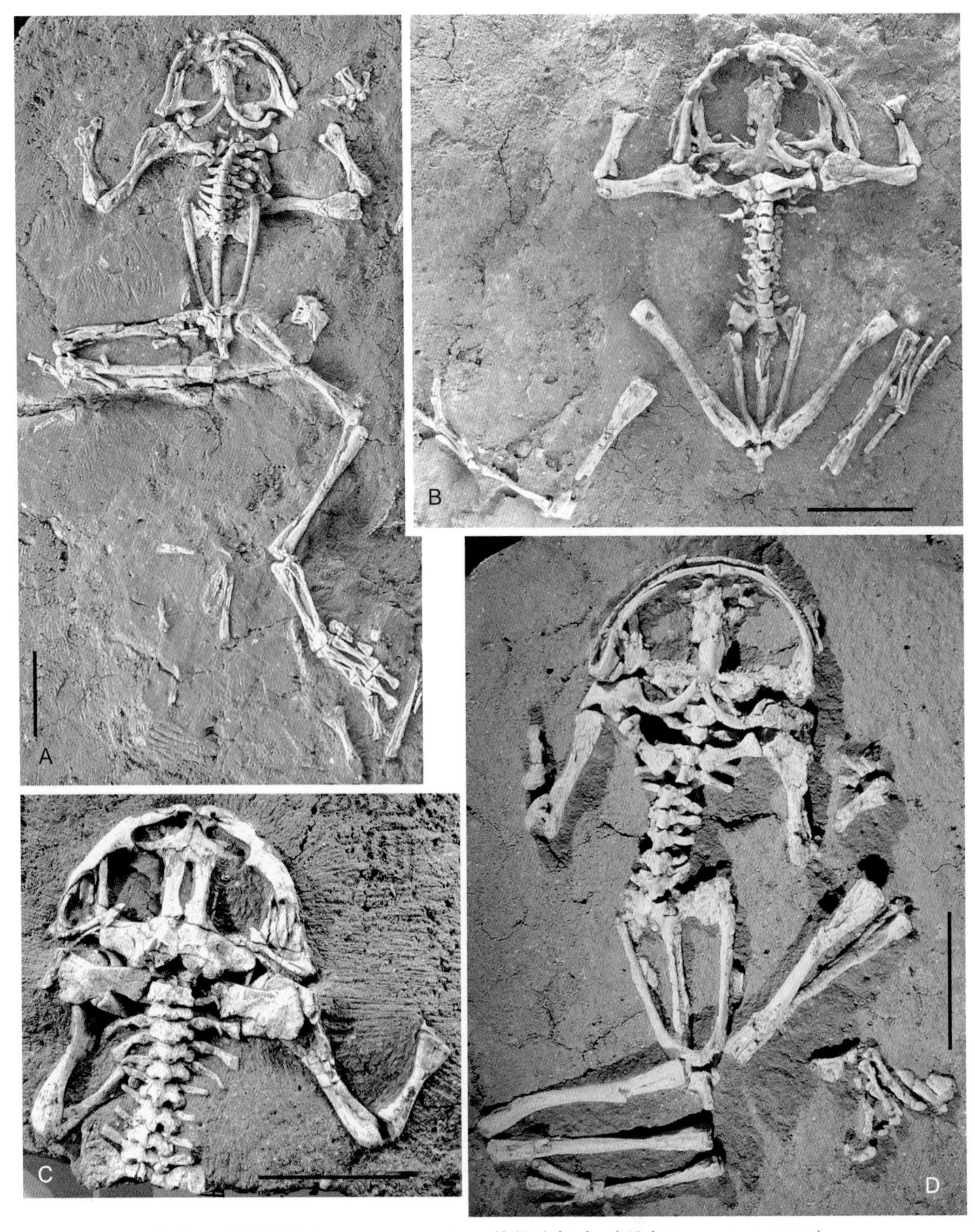

图40 赵氏辽蟾 *Liaobatrachus zhaoi* 的模式标本（引自Dong et al., 2013）

A. 正模（IVPP V 14979.1），腹面观；B. 副模（IVPP V 14979.2），腹面观；C. 副模（IVPP V 13239），背面观；D. 副模（IVPP V 14203），腹面观。比例尺长2 cm

副模 IVPP V 13239，一关联保存的部分骨架，尾杆骨、腰带及后肢未保存；IVPP V 14203，一保存较完整的骨架；IVPP V 14979.2，一保存较完整的骨架，仅肢骨的末端未保存，与正模保存在一个泥岩块上。三个副模均产自辽宁北票前燕子沟。

归入标本 IVPP V 13236，一关联保存的不完整骨架，大部分的头部骨骼和一些

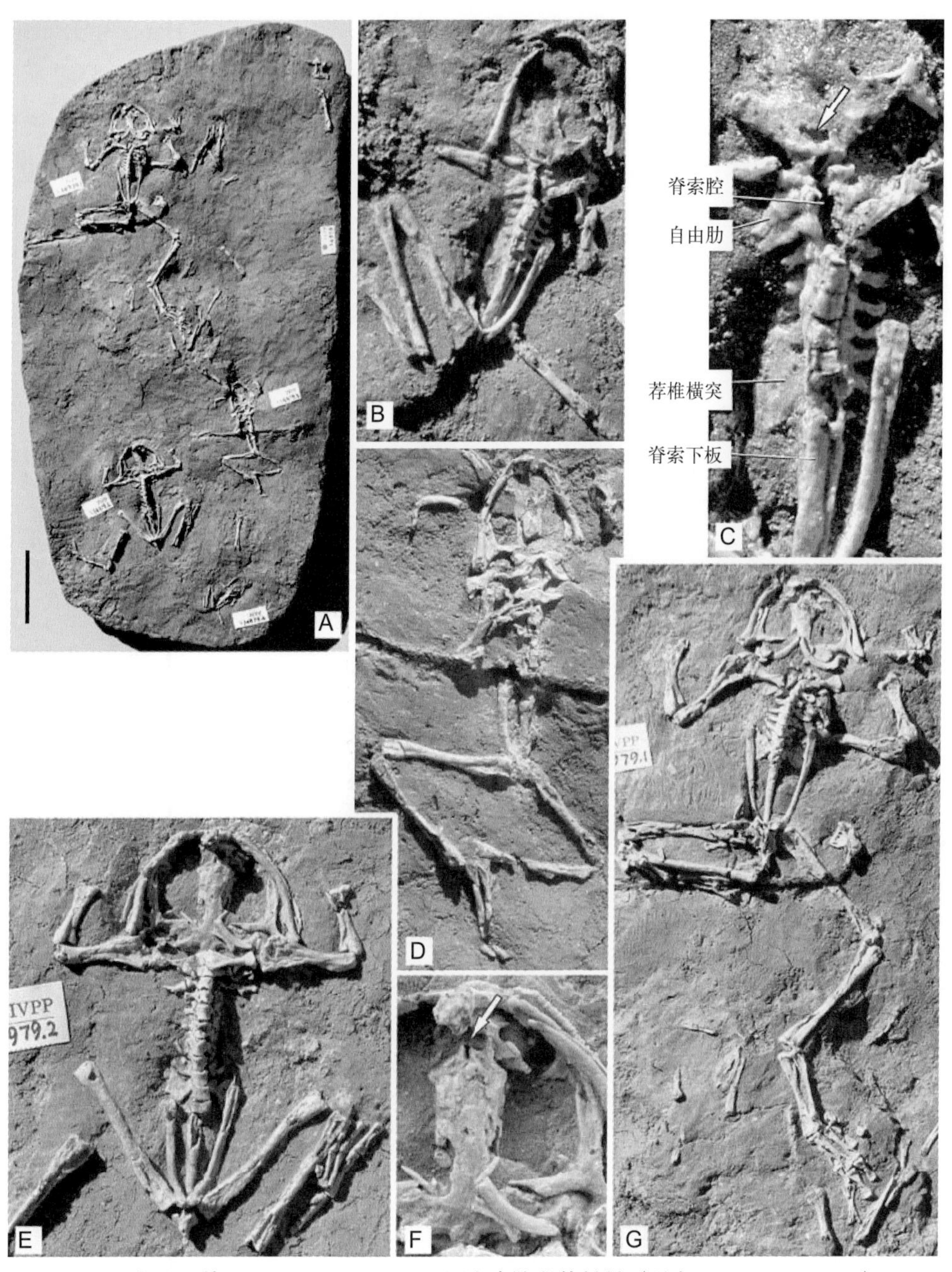

图 41 赵氏辽蟾 *Liaobatrachus zhaoi* 不同发育阶段的材料（引自 Roček et al., 2012）

A. 四件不同发育阶段的标本保存在一个岩块上；B. IVPP V 14979.4；C. IVPP V 14979.4 的脊柱放大，白色箭头示脊索腔；D. IVPP V 14979.3；E. IVPP V 14979.2；F. IVPP V 14979.2 头骨放大，白色箭头显示鼻中隔未骨化而形成的空腔；G. IVPP V 14979.1。比例尺长 5 cm

肢骨未保存；IVPP V 13245，一关联保存的不完整骨架，部分头部骨骼和肢骨未保存；IVPP V 13380，一关联保存的不完整骨架，腰带和四肢的大部分骨骼未保存；IVPP V 14269、IVPP V 14270，两件保存在同一岩块上的不完整骨架：前者个体较小，头骨仅保存上下颌；后者四肢骨中部分骨骼未保存；IVPP V 14979.3、IVPP V 14979.4，两件保存几乎完整的幼年个体骨架，与正模和副模保存在一个岩块上；IVPP V 14979.5、IVPP V 14979.6，是与 IVPP V 14979.1–4 一起出土的另一岩块上的两件标本，主要保存头部骨骼。

鉴别特征 与辽蟾属的其他种相比，赵氏辽蟾的后肢相对较长，股骨与胫腓骨近似等长，上颌骨无腭突，副蝶骨刀状突由 1/2 处向前逐渐变窄，髂骨上的髋臼呈半圆形，在完全发育的成年个体中耻骨骨化。

产地与层位 辽宁北票陆家屯、前燕子沟，下白垩统义县组陆家屯层。

评注 Wang（2004b）对一批三维立体保存的无尾类材料做了初步报道，但未进行详细描述。这一批材料产自辽西义县组的陆家屯层，该层位是义县组中无尾类产出的最低层位。最新的研究（Dong et al., 2013）将它们命名为赵氏辽蟾。

另外，Roček等（2012）对辽蟾中不同发育阶段的个体进行个体发育的研究结果显示：赵氏辽蟾中股骨与胫腓骨的比例、额顶囟和肋骨的存在是与个体发育无关的特征（见图41），所以具有一定的分类学意义。

无尾目属种不定 Anura gen. et sp. indet.

（图 42）

Wang等（2007）报道了产自辽宁义县西二虎桥附近下白垩统热河群九佛堂组的一件无尾类标本，保存为不完全关联的不完整骨架（IVPP V 13235）。这一个体的前颌骨有一高宽且分叉的面突和一个发育的腭突；上颌骨不具有眶前突（preorbital process）和眶后突（postorbital process）；鳞骨与上颌骨不接触；荐前椎的椎体为脊索型；尾杆骨前端具有横突，其长度和腰带的长度都较短；而一个十分显著的特征是，后肢长，胫腓骨显著长于股骨。Wang等（2007）对该标本进行了后肢比例的三元分析（ternary diagram analysis），实测了股骨、胫腓骨和跗节的长度比例。与其他蛙类相比，九佛堂标本的后肢比例与原始的跳跃性蛙类相似。该标本还有一个与个体发育不相关的特征：其荐椎横突不膨大，另外其身体比例和其他的骨骼学特征也可以与热河生物群无尾类辽蟾区分开来。

相对于中国其他中生代无尾类，九佛堂组无尾类个体较小，且具有一些与不成熟相关的特征：脊椎骨化程度低，神经弓不完整，且未与椎体愈合；额顶窗（frontoparietal fontanelle）很大；胫侧跗骨与腓侧跗骨相互分离；远端跗骨不骨化；髂骨联合部没有完全愈合在一起。相对地，前颌骨和上颌骨完整且具齿；鳞骨和翼骨完整骨化；荐椎与尾杆骨、荐椎与髂骨的关系已经形成；尾杆骨完全骨化，且脊索下板（hypochord）已经与

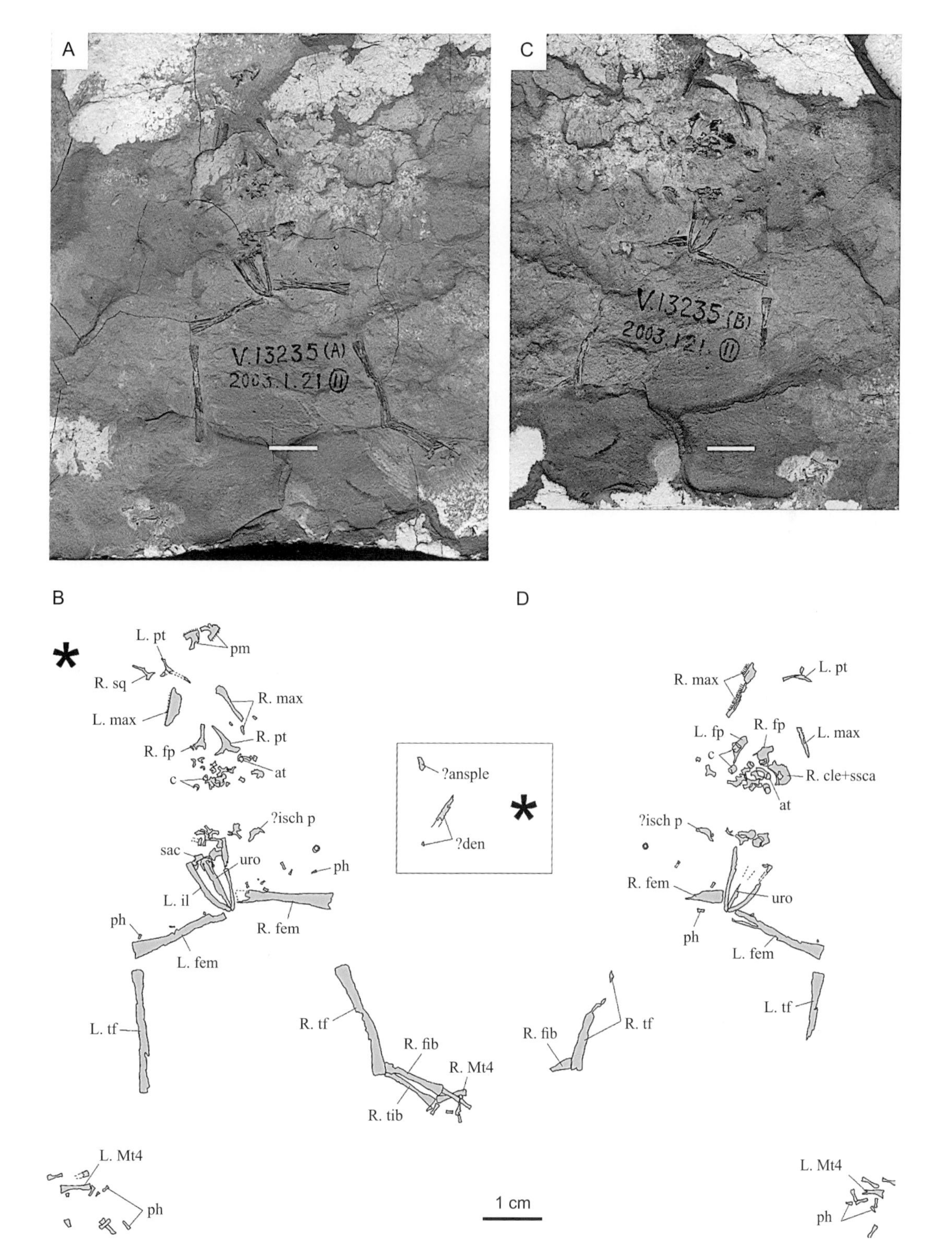

图 42　无尾目属种不定 Anura gen. et sp. indet.（IVPP V 13235）（引自 Wang et al., 2007）

A, C. 化石照片；B, D. 素描图。ansple. 隅夹板骨，at. 寰椎，c. 椎体，cle + ssca. 匙骨 / 上肩胛骨，den. 齿骨，fem. 股骨，fib. 腓跗骨，fp. 额顶骨，il. 髂骨，isch p. 坐骨板，L. 左，Mt4. 第四蹠骨，max. 上颌骨，ph. 指骨 / 趾骨，pm. 前颌骨，pt. 翼骨，R. 右，sac. 荐椎，sq. 鳞骨，tf. 胫腓骨，tib. 胫跗骨，uro. 尾杆骨。比例尺长 1 cm

其愈合；荐椎髂骨关节的籽骨已经钙化或部分骨化。显示这是一个经过变态期的年轻个体。个体未发育成熟、零散保存等特征阻碍了其系统分类学位置的进一步确定。

IVPP V 13235是中国阿普第阶（Aptian）九佛堂组的首次无尾类记录，还是迄今为止中国中生代无尾类的最晚记录。

有尾超目 Superorder CAUDATA Oppel, 1811

概述 有尾类是现生两栖类中的一个主要类群，其形态较无尾类和无足类原始、保守，对研究现生两栖类的演化具有重要意义。该类群大多数种类的成体体长100 mm以上，少数种小者50 mm左右，最大超过2000 mm；具有头、躯、尾和四肢。体圆筒形；四肢较短；终生有长尾且扁平；其“变态”过程不如无尾类显著，有些种类具有幼态持续现象。舌多为圆形或长圆形，后端不完全游离，不能像无尾类那样将舌的后部翻出取食。

定义与分类 滑体两栖亚纲之一超目，包括若干干群有尾类（stem caudates）和冠群的有尾目（Order Urodela）。前者如该超目最早的代表：英国中侏罗世的大理石螈（*Marmorerpeton*）和吉尔吉斯斯坦中侏罗世的柯卡特螈（*Kokartus*），以及中国中/晚侏罗世的热河螈（*Jeholotriton*）。后者涵盖所有现生有尾类，分为隐鳃鲵亚目和蝾螈亚目：前者包括隐鳃鲵科（Cryptobranchidae）[3种，包括世界最大的现生有尾类——大鲵（*Andrias davidianus*）]和小鲵科（Hynobiidae）（54种），后者包括钝口螈科（Ambystomatidae）（32个现生种，下同）、两栖鲵科（Amphiumidae）（3种）、巨陆螈科（Dicamptodontidae）（4种）、无肺螈科（Plethodontidae）（422）、洞螈科（Proteidae）（6种）、奥林螈科（Rhyacotritonidae）（4种）、蝾螈科（Salamandridae）（87种）和鳗螈科（Sirenidae）（4种）。合计10个科级类群（AmphibiaWeb, 2012）。也有学者将巨陆螈类归入钝口螈科（Frost, 2013）。

形态特征 其主要骨骼学特征为（图43）：头骨较扁宽，外鼻孔位于吻背侧，上下颌缘均有细齿，腭部有犁骨齿，其排列形式不一，常作为分类的重要依据；部分种类停滞在幼型犁骨齿状态；一般前肢四指，后肢五趾或四趾，个别种类指（趾）数进一步退化，乃至整个后肢退化消失。头骨骨片少，额骨和顶骨不愈合；有些种类额骨后外侧延伸与鳞骨相连形成额鳞弧；上颌一般无方轭骨；具泪骨和前额骨，或只有后者；腭骨常与犁骨愈合而消失；双枕髁；隅骨与前关节骨多愈合；上下颌均具齿；舌器除有骨化的角舌骨、下舌骨外，还有角鳃骨、下鳃骨；颈椎1枚，无横突和肋骨；躯椎一般不超过20枚，其上肋骨单头或双头；荐椎1枚；尾椎不超过40枚，水生种类有脉弓（haemal arch）；椎体双凹型或后凹型；肩臼部位有骨化的肩胛乌喙骨（肩喙骨）；腰带中具有联合的坐骨板(ischium plate)；趾式通常是前肢2(1)-2-3-2，后肢2(1)-2-3-3-2。

术语与测量方法 有尾类常见的头部骨骼包括(图44)：(背视)前颌骨(premaxillary)、上颌骨(maxillary)、鼻骨(nasal)、隔颌骨(septomaxilla)、泪骨(lacrimal)、前额骨(prefrontal)、额

骨 (frontal)、顶骨 (parietal)、前耳骨 (prootic)、外枕骨 (exoccipital)、耳柱骨 (columella)、耳盖骨 (operculum)、鳞骨 (squamosal)，有些种类额骨与鳞骨相连形成额鳞弧 (fronto-squamosal arch, 也有称“额鳞弓”)；(腹视) 犁骨 (vomer) (其上有犁骨齿列vomerine tooth row)、眶蝶骨 (orbitosphenoid)、副蝶骨 (parasphenoid)、前耳骨 (prootic)、外枕骨 (exoccipital)、翼骨 (pterygoid)、耳柱骨 (columella)，有些种类有腭方骨 (palatoquadrate)，或者骨化的方骨 (quadrate) 等；舌器包括基舌骨 (basihyal)、上舌骨 (hypohyal)、角舌骨 (ceratohyal)、基鳃骨 (basibranchial)、下鳃骨 (hypobranchial)、角鳃骨 (ceratobranchial) 等，但在不同门类中骨化程度不同；下颌骨骼有齿骨 (dentary) 和前关节骨 (prearticular, 有学者用愈合的前关节-冠状骨prearticular-coronoid, 另外在前关节骨后部一般会形成一个冠状凸缘coronoid flange)，一些种类的麦氏软骨会发生骨化，分别在前端和后端形成颐骨 (mentomeckelian bone) 和关节骨 (articular)；个别原始种类 (如隐鳃鲵类) 下颌具有隅骨 (angular)，多数幼态持续种类有具齿的冠状骨 (coronoid)。中轴骨骼由脊柱 (vertebral column) 组成，包括荐前椎 (presacral)、荐椎 (sacral) 和尾椎 (caudal)；第一荐前椎又称为寰椎 (atlas)，无横突 (transverse process)，而其他的荐前椎和前部的尾椎都具有横突；荐椎横突

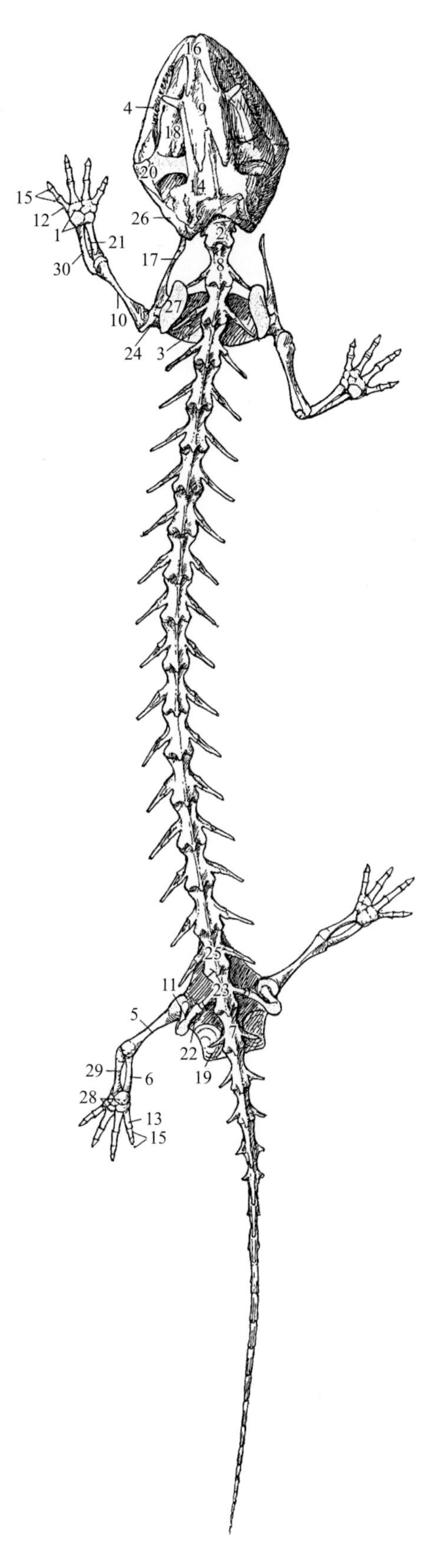

图 43 泥螈 *Necturus* 全身骨骼线条图（引自 Gilbert, 1973）

1. 腕骨，2. 颈椎，3. 乌喙软骨，4. 齿骨，5. 股骨，6. 腓骨，7. 第一尾椎，8. 第一躯椎，9. 额骨，10. 肱骨，11. 髂骨，12. 掌骨，13. 蹠骨，14. 顶骨，15. 指（趾）骨，16. 前颌骨，17. 前乌喙软骨，18. 翼骨，19. 耻坐板，20. 方骨，21. 桡骨，22. 荐肋，23. 荐椎，24. 肩胛骨，25. 第 17 躯椎，26. 鳞骨，27. 上肩胛软骨，28. 跗骨，29. 胫骨，30. 尺骨

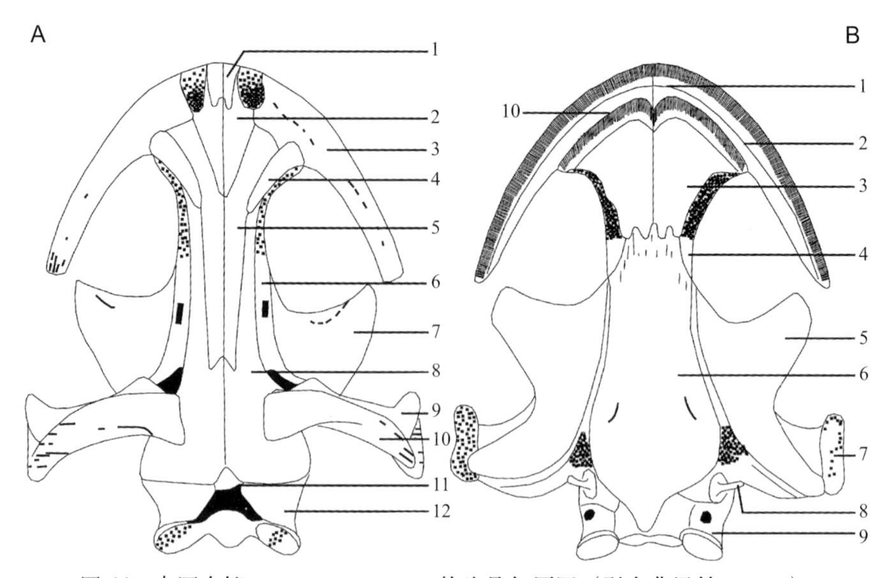

图 44　中国大鲵 *Andrias davidianus* 的头骨复原图（引自费梁等，2006）

A. 背视：1. 前颌骨，2. 鼻骨，3. 上颌骨，4. 前额骨，5. 额骨，6. 眶蝶骨，7. 翼骨，8. 顶骨，9. 方骨，10. 鳞骨，11. 连耳盖，12. 外枕骨；B. 腹视：1. 前颌骨，2. 上颌骨，3. 犁腭骨，4. 眶蝶骨，5. 翼骨，6. 副蝶骨，7. 方骨，8. 耳柱骨，9. 外枕骨，10. 犁骨齿

(sacral diapophysis) 通过荐肋 (sacral rib) 与腰带（pelvic girdle）相关连。除寰椎以外的荐前椎、荐椎、以及前部的尾椎具有肋骨（rib）。四肢骨包括前肢骨骼［肱骨（humrus）、桡骨（radia）、尺骨（ulna）、腕骨（carpal）、掌骨（metacarpal）、指骨（phalange）和拇前指（prepollex）］和后肢骨骼［股骨（femur）、胫骨（tibia）、腓骨（fibula）、跗骨（tarsal）、蹠骨（metatarsal）、趾骨（phalange）和拇前趾（prehallux）］。指（趾）式用于表示指（趾）骨的排列方式。带骨包括肩带［仅含一块骨头：肩胛乌喙骨（scapulocoracoid）］和腰带［髂骨（ilium）、坐骨（ischium）和耻骨（pubis）］；其中耻骨一般不骨化，而左右坐骨经常愈合为坐骨板（ischiadic plate）。

主要的测量值有：吻臀距［snout-pelvis length（SPL），从吻端到腰带后缘的距离］；头骨的长和宽；单个荐前椎的长和宽，以及荐前椎总长，尾长，肱骨、尺骨、桡骨、手（manus）、股骨、胫骨、腓骨、足（pes）等的长度。

分布与时代　主要分布在北半球，侏罗纪至今。

评注　总体来看，我国有尾类化石的种类比较少，在热河生物群和燕辽生物群最近十余年的重大发现之前，我国化石有尾类仅限于山东中新世的1属1种和北京、内蒙古等地的零散材料。但近十余年间，我国已经研究命名了7属8种中生代有尾类，时代从侏罗纪到早白垩世，有些属种拥有成百上千件保存为较完整骨骼的化石标本。中国中生代有尾类材料的发现为世界研究早期有尾类的演化提供了重要材料。

有尾目 Order URODELA Dumèril, 1806

隐鳃鲵亚目 Suborder CRYPTOBRANCHOIDEA Fitzinger, 1826

隐鳃鲵科 Family Cryptobranchidae Fitzinger, 1826

概述 较原始的中等至大型水生冠群有尾类。该科动物是世界已知最大的现生两栖动物。现生只有两属三种：中国大鲵（*Andrias davidianus*）、日本大鲵（*Andrias japonicus*）、美国隐鳃鲵（*Cryptobranchus alleganiensis*）；化石类型有4属（*Chunerpeton, Cryptobranchus, Andrias, Regalerpeton*）5–6个种。该科一个著名的化石种为车氏人尸鲵［*Andrias scheuchzeri* (Holl, 1831)］，原名*Homo diluvii testis*（译为“洪水的见证者”）。这件1 m长的不完整骨架曾被认为是圣经记载的大洪水中死亡的人类儿童骸骨（Scheuchzer, 2010），后来被证实是一种大型蝾螈类的骨骼，因此有“人尸鲵”之属名。

鉴别特征 该科以具有不完全变态过程为特征（隐鳃鲵属尚保留有一对鳃孔），栖息于山溪或河流中，未见有陆栖者。主要骨骼鉴别特征包括：犁骨前缘有一列靠近并平行于上颌边缘的长弧形犁骨齿；前颌骨成对，鼻突短，与额骨不相触；鼻骨左右相触；无隔颌骨；翼骨宽大，与颌骨间距小；顶骨前端与前额骨相连；有耳柱骨，无耳盖骨；隅骨与前关节骨不愈合；舌鳃弓中的软骨不同程度骨化；椎体双凹型，肋骨单头；从第三或第四尾椎开始无尾肋骨；指4个，趾5个（修订自费梁等，2006）。

中国已知属 现生的有大鲵属（*Andrias*）（也有根据其词义译为“人尸鲵属”）；化石种类有初螈属（*Chunerpeton*）和皇家螈属（*Regalerpeton*）。

分布与时代 现生属种见于中国、日本和美国；化石种类见于中国、日本、美国、加拿大和欧洲。侏罗纪至今。

评注 该科是冠群有尾类中最原始的类群之一，在我国东北部发现侏罗纪的隐鳃鲵类天义初螈之前，该科的全部化石均产自新生代。最新的化石证据显示该科的起源地在中国（Gao et Shubin, 2003；Wang, 2006）。另外，有学者认为中国大鲵（命名于1871年）是 *Andrias scheuchzeri* (Holl, 1831) 的晚出同物异名（Estes, 1981）。

初螈属 Genus *Chunerpeton* Gao et Shubin, 2003

模式种 天义初螈 *Chunerpeton tianyiensis* Gao et Shubin, 2003

鉴别特征 一侏罗纪幼态持续型隐鳃鲵类。与现生隐鳃鲵类具有以下区别：前颌骨背突在中线处不接触；额骨与上颌骨不接触；顶骨前侧突与前额骨不接触；犁骨不向后延伸，两犁骨间保留有腭窗（palatal fenestra）；翼骨具有显著的中突（medial process），翼骨与副蝶骨不接触；第二基鳃骨骨化且呈锚状，第一至第三对肋骨的远端呈匙状。以如下特征组合区别于其他中国中生代有尾类：犁骨齿列靠近且平行于上颌弧（maxillary arch）；第一对和第二对下鳃骨（hypobranchial）以及第二基鳃骨骨化；具有三对外鳃和骨化的鳃耙；具15–16个荐前椎（正模中为15个）；肩胛乌喙骨的乌喙端稍膨大，呈菱形；腕骨和跗骨不骨化；前足（manus）指式2-2-3-2，后足（pes）趾式2-2-3-(3/4)-3。

中国已知种 仅模式种。

分布与时代 内蒙古、辽宁、河北，中 / 晚侏罗世。

评注 初螈属由Gao和Shubin（2003）根据产自内蒙古道虎沟化石点的四件标本建立，属名反映该动物生存时代之早。目前仅有一个模式种——天义初螈。根据系统发育分析，Gao和Shubin（2003）将该属归入隐鳃鲵类，它也成为我国首个可以归入具有现生代表的科级类群的中生代有尾类，其生存时代为侏罗纪［原始论文认为产出层位为中侏罗统九龙山组，但目前还有不同观点，如Zhou和Wang（2010）认为是蓝旗组］，Gao和Shubin（2003）指出它应是我国乃至世界最早的冠群有尾类的代表。

初螈的翼骨前突先伸向前侧方，然后内弯指向犁骨外后侧，犁骨齿列平行于上颌弧，具有三对外鳃及骨化的鳃耙，肩胛乌喙骨的乌喙端稍微膨大呈菱形，腕骨和跗骨不骨化，舌鳃器中第一和第二对下鳃骨以及第二基鳃骨骨化，上述特征使它可与同产地的热河螈属（*Jeholotriton*）和辽西螈属（*Liaoxitirton*）显著区分。

除了模式种的产地内蒙古道虎沟，初螈还产自辽宁凌源、建昌、建平，以及河北的青龙等地，因此它在我国已知的 10 个化石有尾类属中（初螈属、热河螈属、塘螈属、辽西螈属、胖螈属、原螈属？、皇家螈属、中国螈属？、欧螈属？、北燕螈属），是分布最广的一个。而且初步研究显示，所有已知材料均可归入该属的模式种——天义初螈，也是唯一的已知种（张桂林，2008）。这一中生代有尾类物种的多地点分布，使其具有潜在的地层对比意义，有学者将其作为道虎沟生物群（有学者用“燕辽生物群”）的重要指示化石（Sullivan et al., in press）。

天义初螈 *Chunerpeton tianyiensis* Gao et Shubin, 2003

（图 45—图 47）

正模 （IGCAGS）CAGS-IG-02051，保存在正反两块岩板上的一具较完整骨骼，主要保存为印模。产自内蒙古赤峰宁城道虎沟。

副模 PKU PV 0210–0212，三件与正模同产地的、不同保存完好程度的骨骼。

归入标本 IVPP V 11251，11945，11976，12516，12609–12611，12713，13241，13243，13244，13343，13374，13394，13478，13745，14050–14056，14058，14060，

14063，14065，14210–14229，14245–14250，14254，14256，14429，14430，14604，14609，14612，14743，14745，15062，15168–15185，15422，15423，15509–15512，15517，15551，15566–15569，15572，15658–15661，15663–15671，15688，15693–15699，15817–15819，18084–18092，还有数百件未研究或未发表标本收藏于国内多家研究单位和博物馆。

鉴别特征 同属。

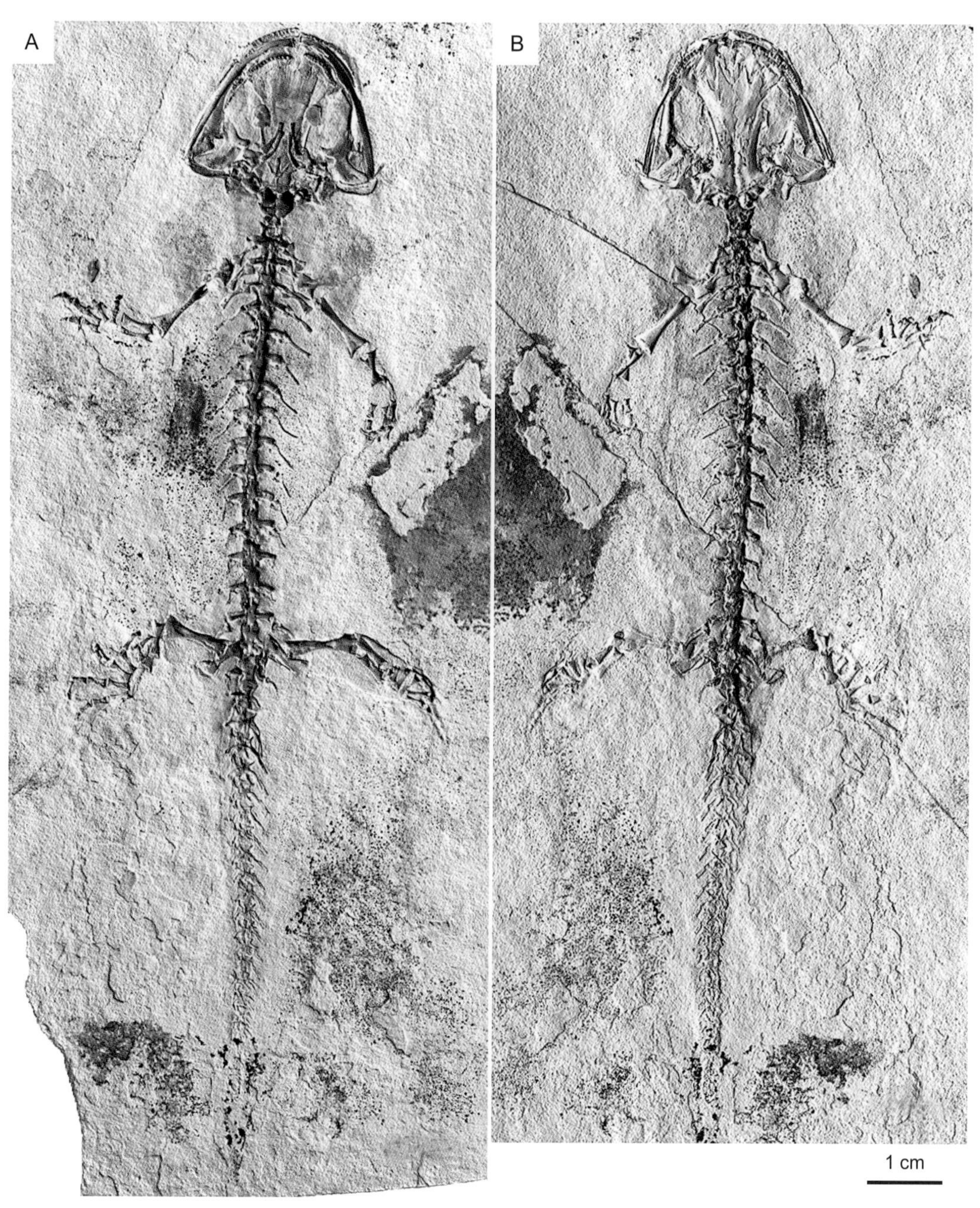

图 45 天义初螈 *Chunerpeton tianyiensis* 的正模［(IGCAGS) CAGS-IG-02051］骨骼的正面（A，腹视）和负面（B，背视）（引自 Gao et Shubin, 2003）

图46　天义初螈 *Chunerpeton tianyiensis* 的归入标本（IVPP V 13374）（王原 摄）

图中显示清晰的三对外鳃的印痕

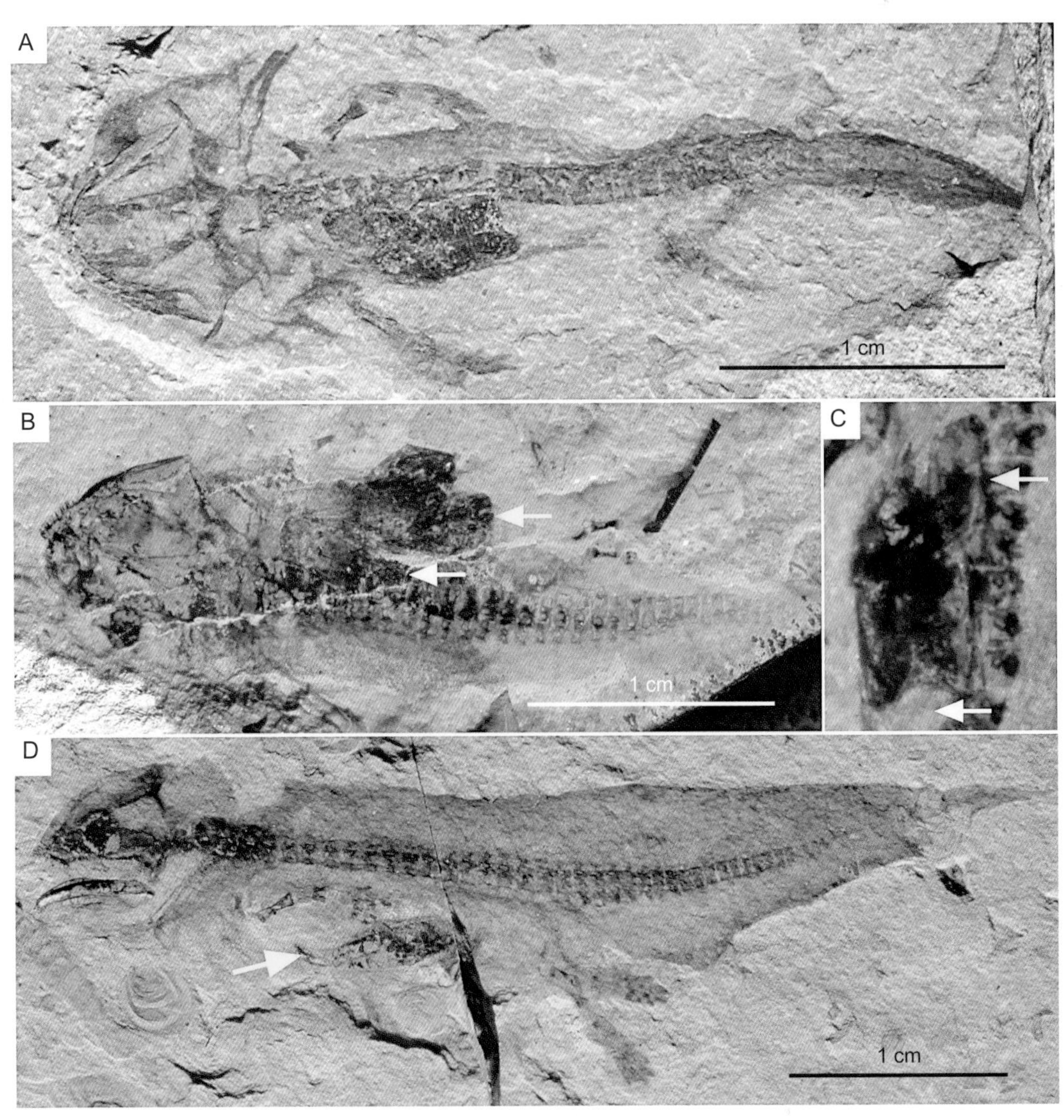

图 47　腹中保存有食物的天义初螈 *Chunerpeton tianyiensis* 标本（引自董丽萍等，2011）

A. IVPP V 18085；B. IVPP V 18086；C. 图 B 局部放大，显示腹中食物；D. IVPP V 18087

产地与层位 内蒙古赤峰市宁城县道虎沟、辽宁凌源市热水汤街道无白丁、辽宁朝阳市建平县沙海镇木营子棺材山、辽宁葫芦岛市建昌县玲珑塔镇大西山、河北青龙县木头凳镇兴隆台子八王沟、河北青龙县干沟乡南石门村转山子，中 / 上侏罗统（道虎沟化石层）。

评注 该种由 Gao 和 Shubin（2003）根据发现自内蒙古道虎沟的四件标本建立。其种名取自产地宁城县的古称“天义”，正模全长约 160 mm，另外有三件归入标本。但是，根据国际动物命名法规第 72.4.5 条款，同文发表的另三件归入标本（PKU PV 0210 – 0212）也应属于模式系列，而模式系列中除正模之外的标本应作为副模（paratype）。因此，本书将这三件标本从原文标注的归入标本修改为副模。

Gao和Shubin（2003）基于与现生隐鳃鲵超科类（cryptobranchoids）和隐鳃鲵类（cryptobranchids）的对比而建立该种，当时我国已经报道了四种中生代有尾类［东方塘螈（*Laccotriton subsolanus* Gao et al., 1998）、钟健辽西螈（*Liaoxitriton zhongjiani* Dong et Wang, 1998）、奇异热河螈（*Jeholotriton paradox* Wang, 2000）、凤山中华螈（*Sinerpeton fengshanensis* Gao et Shubin, 2001）］，虽然文章没有与上述有尾类进行直接对比，但该种仍然因具有独特的特征而成立。Wang和Evans（2006b）基于新标本的研究给出了如下补充鉴别特征：荐前椎15或16枚（正模中为15枚）；指式2-2-3-2；中间跗骨不骨化；下鳃骨I、II和角鳃骨II骨化；三对外鳃并具有骨化的鳃耙；肩胛乌喙骨的乌喙端稍膨大且近菱形。

2011 年董丽萍等报道了天义初螈腹中发现有食物的标本，并鉴定其食物为一种常见的水生昆虫：中华燕辽划蝽（*Yanliaocorixa chinensis*）。该文首次确立了这种中生代有尾类与其猎物的对应关系和生态习性。

该种具有较广泛的地理分布，见于内蒙古、辽宁和河北等地，发现的标本也有成百上千件。个体大小从 1–2 cm 到 50 cm，可以在个体发育学方面做深入的研究。

初螈发现之时，我国所有已知中生代有尾类都还无法归入任何传统的现生科级类元。在当时中国已知五种中生代有尾类（奇异热河螈、天义初螈、东方塘螈、钟健辽西螈、凤山中华螈）中，天义初螈是唯一一种可以归入已知科（即隐鳃鲵科）的种类。最新的系统发育研究显示它是隐鳃鲵类中最基群的成员（Wang et Evans, 2006a；Zhang et al., 2009）。近年的系统发育研究显示辽西螈应与小鲵类具有密切的亲缘关系。所以初螈和辽西螈分别代表隐鳃鲵科和小鲵科的原始类型。另外，皇家螈也是隐鳃鲵科的原始成员（Zhang et al., 2009）。

皇家螈属 Genus *Regalerpeton* Zhang, Wang, Jones et Evans, 2009

模式种 围场皇家螈 *Regalerpeton weichangensis* Zhang, Wang, Jones et Evans, 2009

鉴别特征 头骨宽且吻端圆；前颌骨翼突长度中等；顶骨向前向中央延伸，长度有额骨边缘长度的一半；前额骨、泪骨缺失；犁骨齿列长且平行上颌弧；翼骨细长，具一向内弯曲且具齿的前支和一中支；前关节骨或隅骨长且具有两个突；关节骨缺失；方骨骨化；无外鳃；一对骨化的下鳃骨和两对骨化的角鳃骨；单头肋且近端膨大；荐前椎的横突为椎体长度的一半；肩胛乌喙骨近端极度膨大；腕骨和跗骨骨化。

中国已知种 仅模式种。

分布与时代 河北，早白垩世。

评注 系统发育分析显示，皇家螈与初螈构成现生隐鳃鲵类的相继姐妹群（successive sister group）（Zhang et al., 2009），且该属的犁骨齿列形态、翼骨等典型特征都与隐鳃鲵科相同，故本书将该属归入隐鳃鲵科。该属属名来自其化石产地河北围场，该地区曾是清代皇家围猎场所。

围场皇家螈 *Regalerpeton weichangensis* Zhang, Wang, Jones et Evans, 2009

（图 48，图 49）

正模 IVPP V 14391A, B，一具印痕的不完全骨架的正负模。产自河北承德围场道坝子梁。

鉴别特征 同属。

产地与层位 河北承德围场道坝子梁，下白垩统花吉营组（与义县组相当）。

评注 种名来自化石产地围场。该种的肩胛乌喙骨形态比较特别，与辽西螈等小鲵科动物十分相似，而与同属于隐鳃鲵科的初螈差别较大。

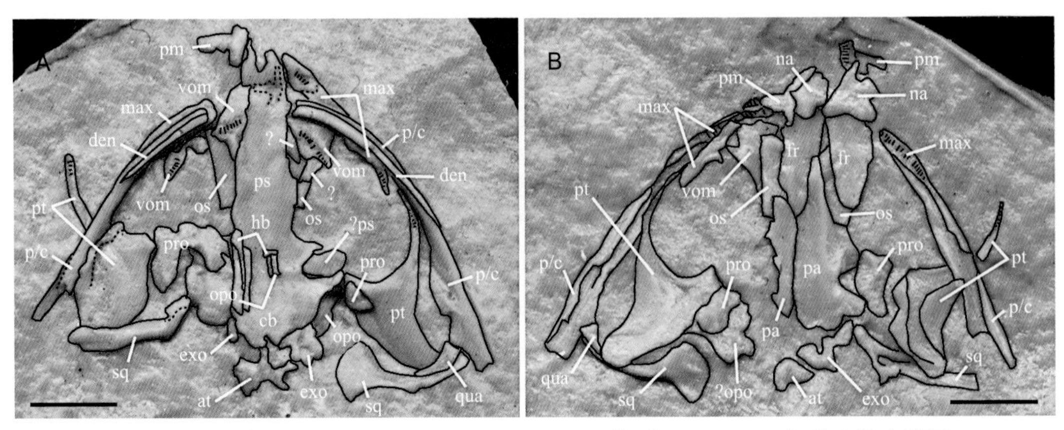

图 48 围场皇家螈 *Regalerpeton weichangensis* 正模（IVPP V14391）的头骨素描图（画在硅胶模型基底上）（引自 Zhang et al., 2009）

A. 腹视；B. 背视。at. 寰椎，cb. 角鳃骨，den. 齿骨，exo. 外枕骨，fr. 额骨，hb. 下鳃骨，max. 上颌骨，na. 鼻骨，opo. 后耳骨，os. 眶蝶骨，pa. 顶骨，p/c. 前关节骨 / 冠状骨，pm. 前颌骨，pro. 前耳骨，ps. 副蝶骨，pt. 翼骨，qua. 方骨，sq. 鳞骨，vom. 犁骨。比例尺长 1 cm

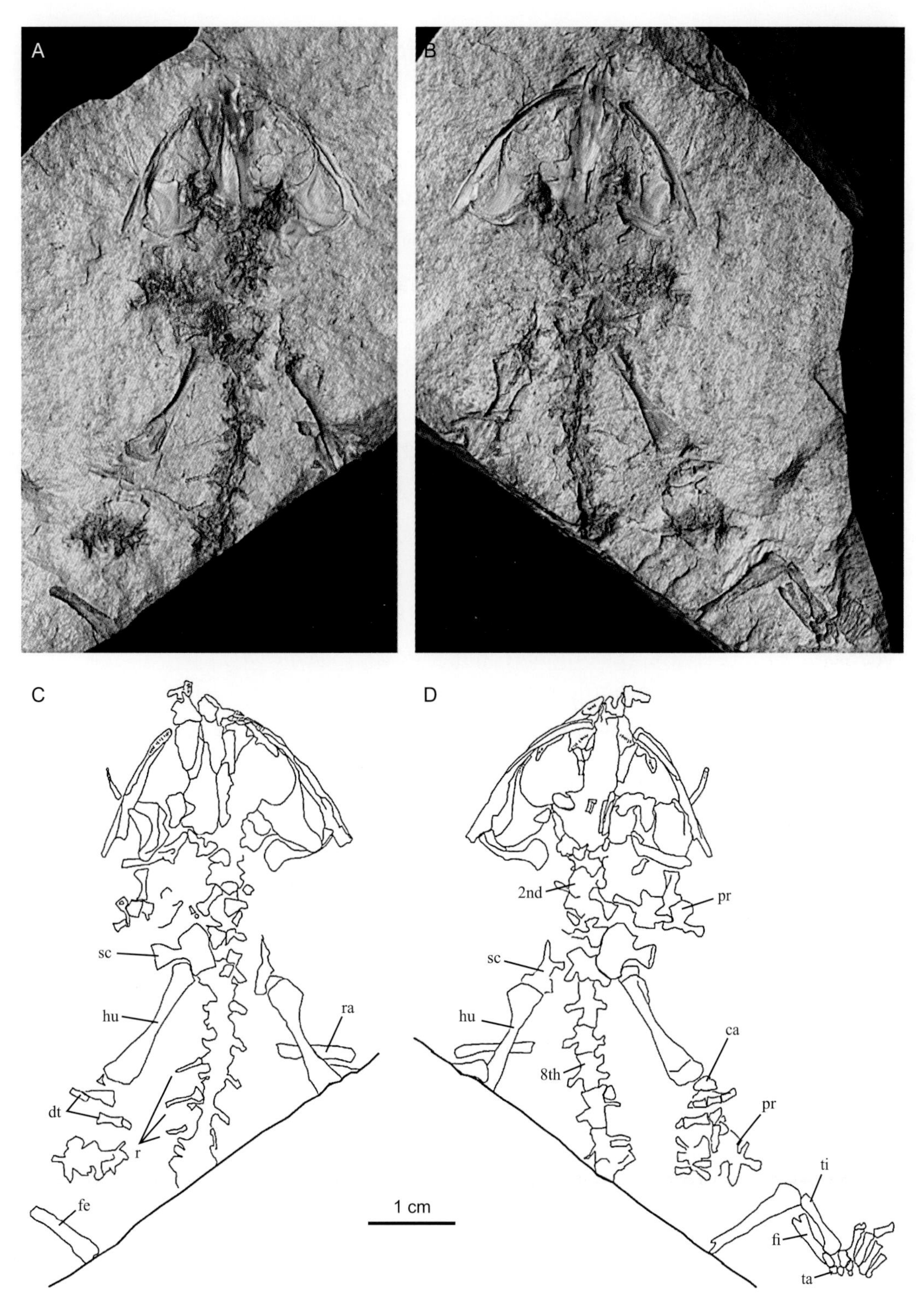

图 49　围场皇家螈 *Regalerpeton weichangensis* 的正模 (IVPP V 14391)（引自 Zhang et al., 2009）

A, B. 化石照片；C, D. 骨骼素描图。2nd. 第二荐前椎，8th. 第八荐前椎，ca. 腕骨，dt. 指骨，fe. 股骨，fi. 腓骨，hu. 肱骨，pr. 荐前椎，r. 肋骨，ra. 桡骨，sc. 肩胛乌喙骨，ta. 跗骨，ti. 胫骨

小鲵科 Family Hynobiidae Cope, 1859

概述 滑体两栖亚纲有尾目之一科，属较原始的小型冠群有尾类。为亚洲特有的有尾类，故英文统称为“亚洲蝾螈”（Asian/Asiatic salamanders）。模式属为小鲵属 *Hynobius* Tschudi, 1838。该科的现生种类计有 2 亚科（原鲵亚科和小鲵亚科）8 属 30 余种。化石种类目前仅发现于我国东北地区，计 3 属 4 种。

鉴别特征 该科成员大多数经过变态发育，个别种有幼态持续现象。陆栖或水生。主要骨骼鉴别特征包括：前颌骨鼻突短，左右鼻骨在中线相触；具有隔颌骨、前额骨和泪骨；无额鳞弧；翼骨不与上颌骨接触（肥鲵属例外）；犁骨齿列长短、形态不一；多数具耳盖骨，耳柱骨抵向卵圆窗（fenestra ovalis）；具独立的隅骨，其不与前关节骨愈合；具有第二下鳃骨；椎体双凹型或后凹型；躯椎一般 16 枚，具横突和肋骨；尾椎有完整的髓弓，神经棘低平；指 4，趾 5 或 4（费梁等，2006）。

中国已知属 现生属有原鲵属（*Protohynobius*）、小鲵属（*Hynobius*）、肥鲵属（*Pachyhynobius*）、极北鲵属（*Salamandrella*）、拟小鲵属（*Pseudohynobius*）、爪鲵属（*Onychodactylus*）、北鲵属（*Ranodon*）、山溪鲵属（*Batrachuperus*）；化石属有塘螈属（*Laccotriton*）、辽西螈属（*Liaoxitriton*）和中华螈属?（*Sinerpeton*?）。

分布与时代 现生种类见于俄罗斯（从堪察加半岛到西伯利亚）、中亚（土库曼斯坦、阿富汗、伊朗）、中国、朝鲜半岛和日本；化石种类仅见于中国东北地区。侏罗纪至今。

评注 有学者认为小鲵科本身很可能是一个复系的类群（Estes, 1981），且它与隐鳃鲵科的姐妹群关系并不十分紧密（Milner, 2000），但基于分子生物学研究的最新系统发育分析显示，小鲵科应为一个单系的类群，而且与隐鳃鲵科构成姐妹群关系（Zhang et Wake, 2009）。另外，*Liua* 和 *Paradactylodon* 两属被认为分别是 *Ranodon* 和 *Batrachuperus* 的晚出同物异名（费梁等，2006）。

塘螈属 Genus *Laccotriton* Gao, Cheng et Xu, 1998

模式种 东方塘螈 *Laccotriton subsolanus* Gao, Cheng et Xu, 1998

鉴别特征 头骨宽，吻端圆；具泪骨和前额骨；角鳃骨不骨化；下颌由五部分（齿骨、前关节骨、隅骨、冠状骨和关节骨）组成；16 个荐前椎；荐前椎和尾椎上不具有棘神经孔；肋骨为单头肋且基部宽大；尾部前端具有 5 对自由肋；腕部有 2 块中央腕骨（centrale）；中间跗骨完全骨化；指式 2-2-3-2；趾式 2-2-3-4-2。与其他所有幼态持续的蝾螈类（包括鳗螈类）的区别在于：上颌骨、鼻骨发育；肩带为单一的肩胛乌喙骨；肢骨完全骨化，无任何退化现象。与进步的隐鳃鲵类、鳗螈类、两栖螈类的区别在于：额骨的前侧向延伸缺失。与西班牙早白垩世的瓦尔多螈（*Valdotriton*）的区别为：尾椎的椎间棘孔缺失。

中国已知种 仅模式种。

分布与时代 河北，早白垩世。

评注 该属是我国首个研究命名的中生代有尾类［杨钟健（1979b）提及一个产自河北滦平的中生代有尾类，但没有命名，见下文］，因此具有重要的研究意义。但高克勤等（1998）在建立该属种时选取的鉴别特征较简短。后Gao和Shubin（2001）补充修订了一些特征。塘螈的上颌弧和鼻骨十分发育，应代表一种小型、经过变态的冠群有尾类。本书根据上述资料总结属的鉴别特征如上。

东方塘螈 *Laccotriton subsolanus* Gao, Cheng et Xu, 1998

（图 50）

正模 (GMC) GMV 1602，一具几近完整的关联在一起的骨骼。产自河北承德丰宁凤山炮仗沟。

副模 (GMC) GMV 1603–1605，三个与正模同产地的、不同保存完好程度的骨骼。

归入标本 数百件未研究标本，收藏于中国科学院古脊椎动物与古人类研究所等单位。

图 50 东方塘螈 *Laccotriton subsolanus* 的正模 [(GMC) GMV 1602]（引自 Wang et Gao, 2003）

原命名文章（高克勤等，1998）的图版中误将此正模标为归入标本

鉴别特征 同属。

产地与层位 河北承德丰宁凤山，下白垩统大店子组／西瓜园组。

评注 高克勤等（1998）根据四件骨骼化石命名了东方塘螈。其中一件［(GMC) GMV 1602］定为正模，另外三件［(GMC) GMV 1603–1605］作为归入标本。但是，根据国际动物命名法规第 72.4.5 条款，同文发表的归入标本也应属于模式系列，而模式系列中除正模之外的标本应作为副模（paratype）。因此，本书将这三件标本从原文标注的归入标本修改为副模。另据命名者介绍，原命名文章因刊物编辑的失误，在图版中误将正模标为归入标本。本书予以纠正。

东方塘螈发育的上颌弧和鼻骨表明其为经过变态发育的小型有尾类。大多数标本的吻臀距在 40 mm 和 50 mm 之间（高克勤等，1998）。Gao 和 Shubin（2001）在研究命名凤山中华螈时，对同产地、同层位的东方塘螈重新作了简要的描述。Gao 和 Shubin（2001）将塘螈的指式从 2-3-4-3 修订为 2-2-3-2，并添加修订了鉴别特征：中间跗骨完全骨化但角鳃骨不骨化；肋骨为单头肋且基部宽大；尾部前端具有 5 对自由肋；腕部有 2 块中央腕骨；趾式为 2-2-3-4-2；16 个荐前椎；荐前椎和尾椎上不具有棘神经孔；具泪骨和前额骨；下颌由五部分（齿骨、前关节骨、隅骨、冠状骨和关节骨）组成。

Wang（2006）指出塘螈可能有一细长的角鳃骨、膨大的第二掌骨，以及与中华螈（与塘螈来自同一地点）和辽西螈（与塘螈的时代相当）相似的腕部、头骨及肩带特征。所以塘螈可能是后两者的先占同物异名，有必要对塘螈和其他两种有尾类进行重新研究。

基于生物地层学的研究，Wang（2004b）提出东方塘螈和凤山中华螈的层位是大店子组（与义县组的下部相当），时代为早白垩世，而不是 Gao 和 Shubin（2001）在原文中认为的晚侏罗世。但最近的野外工作认为该层位也有可能与更为年轻的西瓜园组相当，因此需要进行更多的地层学研究以解决这一问题。东方塘螈、钟键辽西螈是中国中生代有尾类的首次报道（均发表于 1998 年），而且在中国乃至世界范围，属于标本数量较多的中生代有尾类属种。

辽西螈属 Genus *Liaoxitriton* Dong et Wang, 1998

模式种 钟健辽西螈 *Liaoxitriton zhongjiani* Dong et Wang, 1998

鉴别特征 小型中生代冠群有尾类。头骨表面无纹饰；上颌骨发育完全，与前颌骨构成完整的具密集排列牙齿的上颌弧；两鼻骨在中线相接；额骨无侧前向伸展；顶骨前伸至额骨的侧方；具前额骨和泪骨；两犁骨在中线相接，前内侧具腭窗；犁骨齿列横向排列，靠近腭中部；翼骨前支短粗，指向上颌骨末端；具前关节骨和关节骨；舌鳃弓有三骨骨化：下鳃骨 II 和角鳃骨 II 细长，基鳃骨 II 近锚形，后缘弧状无突起；肩胛乌喙骨的乌喙端膨大显著；荐前椎 15–16 个；脊椎横突长，约为椎体长度的一半；肋骨单头，近端膨大；荐后肋（postsacral rib）2–3 对；部分腕骨和跗骨发生骨化。

中国已知种 钟健辽西螈（*Liaoxitriton zhongjiani*）、道虎沟辽西螈（*L. daohugouensis*）。

分布与时代 内蒙古，中 / 晚侏罗世；辽宁，早白垩世。

评注 辽西螈属由董枝明和王原（1998）根据产自辽宁葫芦岛的34件标本建立，因产地位于辽宁西部而得名，之后十余年在该产地又发现了上百件标本。这些标本的产地曾被误认为是“葫芦岛市沙脚城”（董枝明、王原，1998）。Wang（2001）将产地修订为“Wangbao, Huludao”（应为“葫芦岛望宝山”的误写）。王原（2002）根据野外踏勘最终将产地确定为“葫芦岛市新台门镇望宝山大队水口子村”。针对化石的产出层位对比，也有不同意见。董枝明和王原（1998）认为是“下白垩统九佛堂组”；王原（2002）根据区域内存在含杏仁构造的玄武岩地层出露，认为不能排除是义县组的可能性。王思恩对王原所采的与辽西螈同层的叶肢介标本进行了鉴定，认为是东方叶肢介未定种（*Eosestheria* sp.）和米氏东方叶肢介相似种（*Eosestheria* cf. *middendorfii*），地层对比为义县组或九佛堂组底部。张立军等（2004）报道了该地区的第二个辽西螈产出层位，其中发现了三尾拟蜉蝣（*Ephemeropsis trisetalis*）、卵形东方叶肢介（*Eosestheria ovata*）、薄氏辽宁枝（*Liaoningogladus boii*）、小楔叶（*Sphenaron* sp.）、似麻黄？未定种（*Ephedrites*? sp.）等伴生动植物，并根据卵形东方叶肢介（*Eosestheria ovata*）与薄氏辽宁枝（*Liaoningogladus boii*）的同时出现，认为化石产出层位应是义县组而非九佛堂组。张立军等的辽西螈层位（实测剖面第4–6层）比董枝明和王原（1998）报道的辽西螈层位（实测剖面第24层）低，文章将该剖面中的两个含辽西螈沉积夹层均视为义县组火山喷发间歇期的浅湖相沉积（张立军等，2004）。

辽西螈的数十件标本均保存为各种状态的相互关联的化石骨骼，这样大量的中生代有尾类骨架在世界上是非常少见的。辽西螈也是我国首次发现的保存有软组织印痕（如皮肤、眼睛）的中生代有尾类（董枝明、王原，1998）。由于保存化石的岩石为薄层页岩、薄层粉砂岩，岩石质地松散易碎，所以标本的整体保存状况较差，化石骨架多不完整。

辽西螈属已知有两个种，其模式种钟健辽西螈仅产自辽宁葫芦岛水口子化石点，时代为早白垩世。王原（2004）根据产自内蒙古道虎沟的标本建立了另一新种——道虎沟辽西螈（*Liaoxitriton daohugouensis*），时代为中 / 晚侏罗世。辽西螈因此成为具有最长地史分布的中国化石有尾类。

辽西螈属建立之初，未进行科级划分（作为有尾目科未定），但董枝明和王原（1998）指出，其犁骨齿列形态和头骨骨片的形态、排列方式“与小鲵科更为相似”。王原（2006）也提到它与现生小鲵类的一些属种“具有相似的骨骼学特征，如犁骨齿列横向排列，舌鳃器的骨化模式等”。Wang（2006）则明确提出：“塘螈、中华螈和辽西螈的横向的犁骨齿列，舌鳃弓的骨化方式，以及保留泪骨、隅骨等原始特征，与小鲵科的成员十分相像”，所以“应归入传统意义的小鲵科”。本书同意 Wang（2006）的观点，将该属归入小鲵科。

钟健辽西螈 *Liaoxitriton zhongjiani* Dong et Wang, 1998

（图 51）

正模 IVPP V 11582A, B，保存在正反两块泥岩板上的一不完整的关联在一起的骨骼。标本主要保存为骨骼，部分保存为印模。产自辽宁葫芦岛新台门水口子。

副模 IVPP V 11583–11615，33 件与正模同产地的、不同保存完好程度的骨骼。

归入标本 数百件未研究标本，保存在中国科学院古脊椎动物与古人类研究所等单位。

鉴别特征 与道虎沟辽西螈的区别在于：吻端较窄；犁骨齿列向后侧方向延伸；前关节骨的冠状凸缘低；肩胛乌喙骨的乌喙端较小，柄状的肩胛状较长；15 个荐前椎，第 2 荐前椎的肋骨远端呈棒状无扩展；荐后肋 2 对；第 2 掌骨膨大；指式 2-2-3-(2/3)，趾式多变，已见 2-2-4-5-(3/4)、2-2-3-4-(2/3)、?-3-4-5-3 或 2-2-3-5-4 等类型。

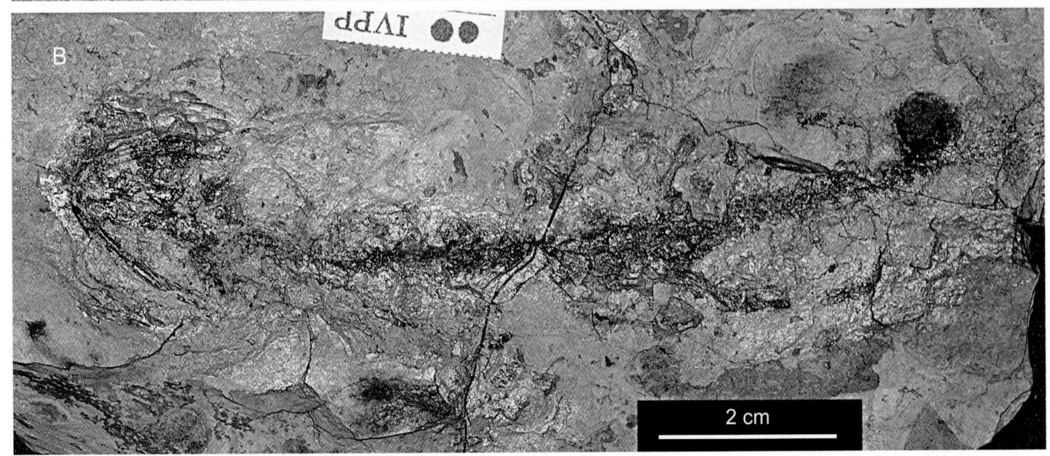

图 51　钟健辽西螈 *Liaoxitriton zhongjiani* 正模（IVPP V11582）的正面（A，腹视）和负面（B，背视）（张杰 摄）

产地与层位 辽宁葫芦岛新台门水口子，下白垩统义县组 / 九佛堂组。

评注 董枝明和王原（1998）依据34件标本命名了钟健辽西螈，除一件指定为正模外，其他33件列为归入标本。但是，根据国际动物命名法规第72.4.5条款，同文发表的这些归入标本也应属于模式系列，而模式系列中除正模之外的标本应作为副模（paratype）。因此，本书将这33件标本从原文标注的归入标本修改为副模。

在对正模进行进一步的修理和新标本的观察的基础上，Wang和Evans（2006a）确定钟健辽西螈正模的荐前椎的个数为15。该种趾式的变化也较大。来自河北的凤山中华螈可能与辽宁的钟健辽西螈为同物异名。这两者共有以下的特征：具有一对棒状的角鳃骨，第2掌骨膨大，以及腕骨、头骨和肩带形态上的诸多相似点。原来的地层学工作认为新台门化石层与九佛堂组相当，但最近的工作显示不排除其与义县组相当的可能性。

道虎沟辽西螈 *Liaoxitriton daohugouensis* Wang, 2004

（图 52）

正模 IVPP V 13393，一保存在灰白色硅质泥岩上的清晰骨架印痕，示腹面。产自内蒙古赤峰宁城道虎沟。

副模 IVPP V 14062, 一与正模同产地的较完整骨骼，腹视。

鉴别特征 与钟健辽西螈的区别在于：吻端较宽圆，犁骨齿列向前侧方向延伸；前关节骨具较高的冠状凸缘；肩胛乌喙骨的乌喙端更膨大，肩胛端更短；16个荐前椎；第2荐前椎的肋骨更粗壮，远端更膨大；具有3对荐后肋（postsacral rib）；第2掌骨不膨大。指式 2-2-3-2，趾式 2-2-3-4-2。

产地与层位 内蒙古赤峰宁城道虎沟，中 / 上侏罗统（道虎沟化石层）。

评注 王原（2004）依据两件标本命名了道虎沟辽西螈，其中一件(IVPP V 13393)指定为正模，另一件标为归入标本（IVPP V 14062）。但是，根据国际动物命名法规第72.4.5条款，同文发表的这件归入标本也应属于模式系列，而模式系列中除正模之外的标本应作为副模（paratype）。因此，本书将该标本从原文标注的归入标本修改为副模。另外，道虎沟辽西螈的下颌中原被标注为关节骨（articular）的（王原，2004，图2），应为前关节骨（prearticular）。本书予以更正。

王原（2004）曾认为道虎沟辽西螈的产出层位“时代为早白垩世或晚侏罗世，而不会早至中侏罗世”。但新的研究显示，该层位最年轻的年龄为159 Ma并可能更早（Sullivan et al., in press）。而辽西螈的模式种钟键辽西螈所产的层位，如果最低在义县组（125 Ma，Swisher et al., 1999），则辽西螈属的延续时间至少有34 Ma之久。如果钟健辽西螈的层位更高（至九佛堂组），则该属的延续时间更长。

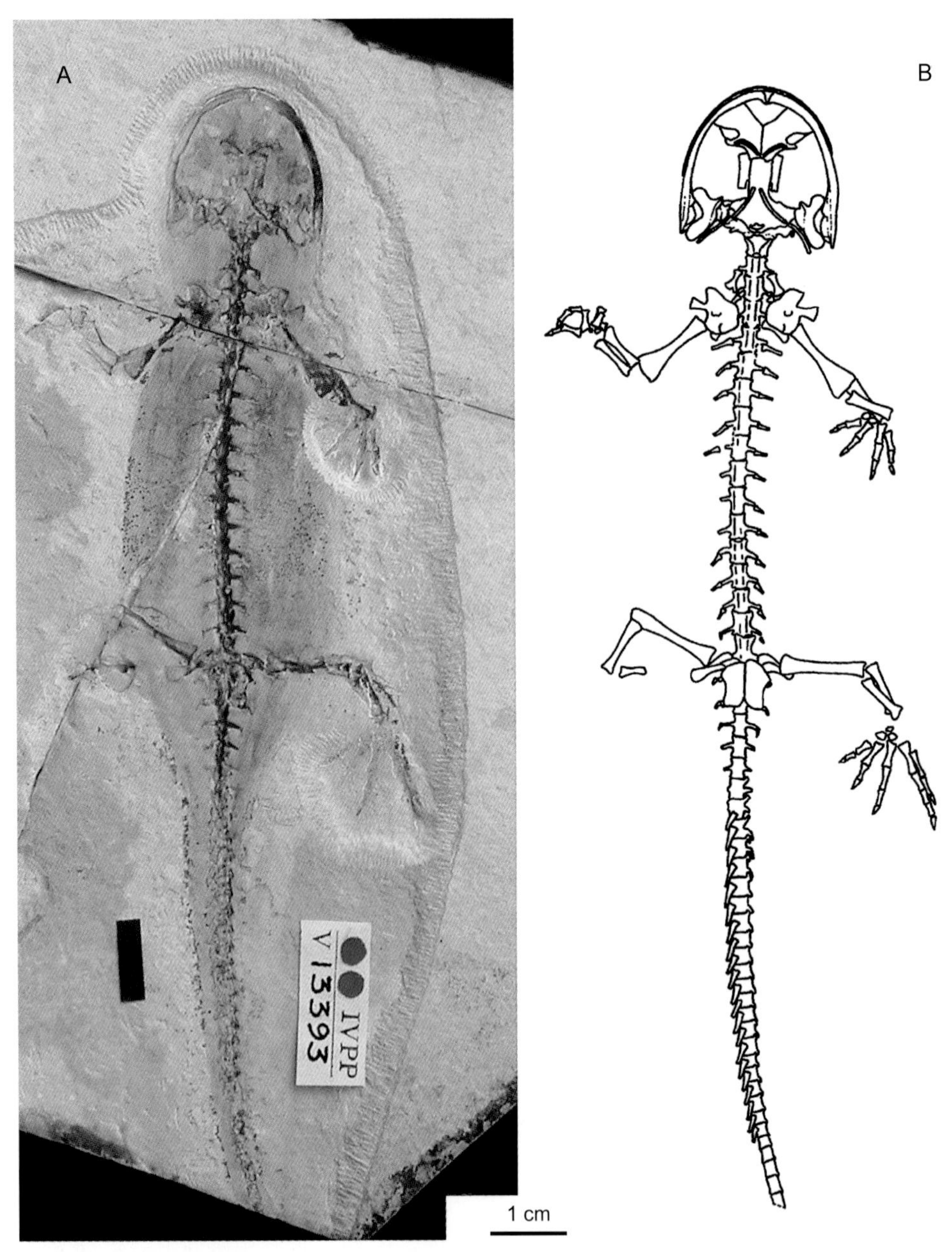

图 52　道虎沟辽西螈 *Liaoxitriton daohugouensis* 正模（IVPP V 13393）的化石照片（A）（张杰 摄）和骨骼素描图（B）（许勇 绘）（腹视）（引自王原，2004）

中华螈属？ Genus *Sinerpeton*? Gao et Shubin, 2001

模式种　凤山中华螈？ *Sinerpeton*? *fengshanensis* Gao et Shubin, 2001

鉴别特征　具有如下原始特征：前颌骨成对且具有小的背突；鼻骨成对且于中线处相接；具独立的隅骨和冠状骨；第 1 和第 2 远端腕骨愈合；与隐鳃鲵类共同之处为均具有单头肋，但不同之处包括：荐前椎的关节面向侧方扩展；腕部具一单块的中央骨；第

2 掌骨极度扩展；指式 1-2-3-2，趾式 1-2-3-4-2。

中国已知种 仅模式种。

分布与时代 河北，早白垩世。

评注 中华螈属与塘螈属产自同一地点、同一层位的同一化石发掘坑，且诸多骨骼特征相似。因此该属是否为后者的同物异名值得探讨。见下文中对种的评注。

凤山中华螈？ *Sinerpeton? fengshanensis* Gao et Shubin, 2001

（图 53）

正模 (GMC) GMV 1606，一不完整的关联在一起的骨骼。产自河北承德丰宁凤山炮仗沟。

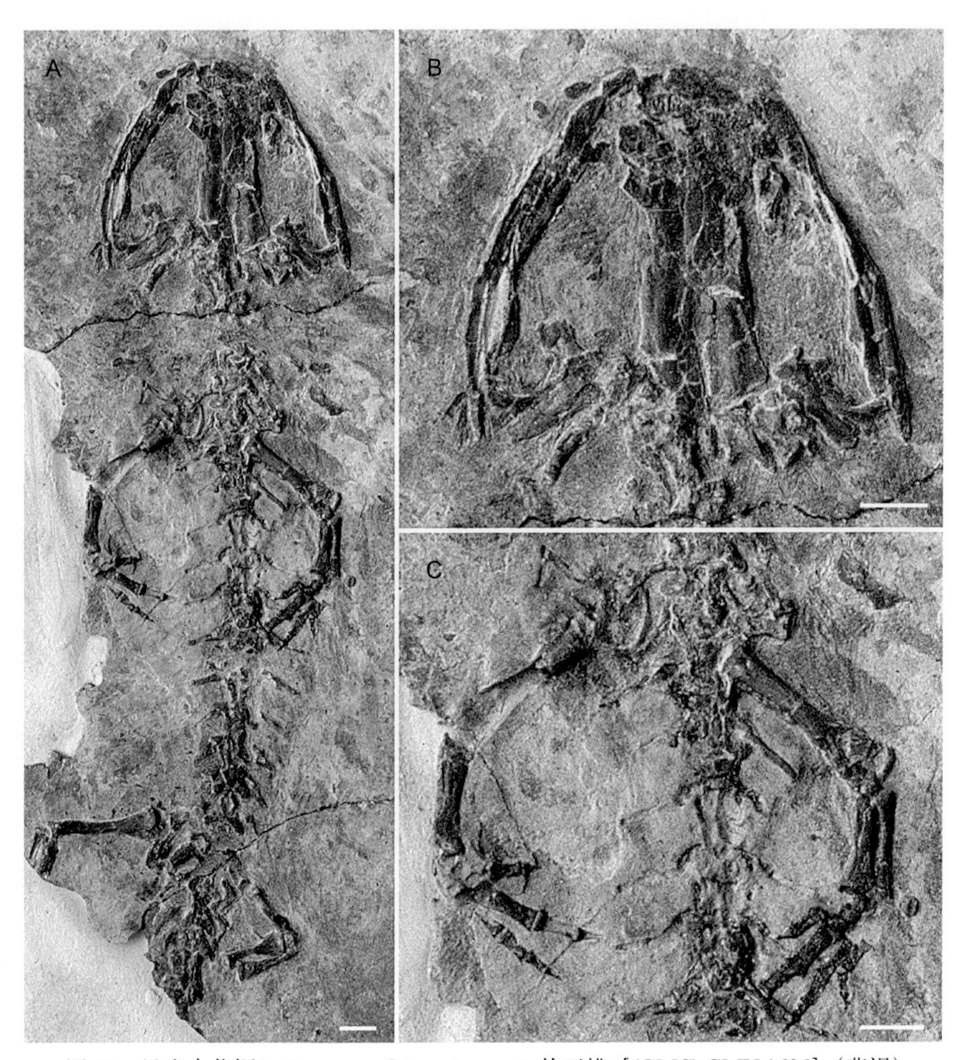

图 53 凤山中华螈？ *Sinerpeton? fengshanensis* 的正模［(GMC) GMV 1606］（背视）（引自 Gao et Shubin, 2001）

A. 关联的头骨和头后骨骼；B. 放大的头骨；C. 放大的肩带和前肢。比例尺长 2 mm

鉴别特征 同属。

产地与层位 河北承德丰宁凤山炮仗沟，下白垩统大店子组／西瓜园组。

评注 这一属种的所有标本与东方塘螈产自同一地点和层位，但Gao和Shubin (2001) 认为凤山中华螈是一幼态持续的类型，从而区别于经过变态的东方塘螈。不过Wang (2006) 指出中华螈细弱的角鳃骨不足以支持外鳃，此角鳃骨很可能是第一对角鳃骨，常见于经过变态的有尾类，故中华螈是否为幼态持续仍存有疑问。另外，凤山中华螈的正模与钟键辽西螈幼体的骨骼学特征非常相似，所以前者是否为后者的晚出同物异名仍需进一步的研究。据此，Wang 等（2008）对中华螈属名加注问号“？”。本书也暂采用此方案。

蝾螈亚目 Suborder SALAMANDROIDEA Fitzinger, 1826

蝾螈科 Family Salamandridae Goldfuss, 1820

概述 滑体两栖亚纲有尾目之一科，属于小型至中型有尾类，全长一般不超过230 mm，主要生活于北半球温带地区，多数种具有皮肤毒腺。陆生或水生。水生阶段多具有皮肤形成的背鳍和尾鳍。成体具肺。该类动物具有特别的体内受精过程。现生种类包括 21 属 87 种（AmphibiaWeb，2012）。中国现生种类有 6 属约 21 种（含亚种），均分布于秦岭以南（费梁等，2006）。

鉴别特征 主要骨骼学鉴别特征包括：犁骨齿列较长，呈前后向排列；前颌骨 2 或 1 个，其鼻突一般较长且与额骨相连；左右鼻骨被前颌骨分开或不分开；无隔颌骨、泪骨；具前额骨，多数种类具有额鳞弧；耳柱骨仅见于幼体阶段。隅骨与前关节骨愈合；下舌骨和第 1 对角鳃骨骨化；椎体多为后凹型，个别为双凹型；肋骨上有钩突（uncinate process）（费梁等，2006）。

分布与时代 现生种类主要分布于欧亚大陆，个别种类进入北非和北美；化石种类北半球分布。古新世至今。

评注 根据Martín和Sanchiz（2012）的统计，蝾螈科中有26个现生或化石属具有化石代表，其中以欧螈属（*Triturus*）的分异度最大。该科比较可靠的最早的化石记录出现在古新世，但蝾螈亚目的成员可以追溯至西班牙早白垩世的瓦尔多螈*Valdotriton*（Evans et Milner, 1996）。在本书完稿之际，Gao和Shubin（2012）报道了已知最早的蝾螈亚目代表，来自中国辽宁晚侏罗世的北燕螈（*Beiyanerpeton*）。

原螈属? Genus *Procynops*? Young, 1965

模式种 中新原螈? *Procynops*? *miocenicus* Young, 1965

鉴别特征 体小，四肢细弱；尾部长度小于全长的一半；全身可能具有较匀细的瘤状斑点，但无大的背侧或两侧斑点。头的大小和形态与 *Cynops orientalis* 很相似，但体长比之约小四分之一到三分之一，为已知蝾螈之最小种（杨钟健，1965）。

Estes（1981）提供了完全不同的一套鉴别特征，但显然更为有效：与全新世 *Cynops* 属的各种的区别为鼻孔更靠背侧（如果标本没有变形），缺少背瘤（sagittal tubercle），体长也小于全新世种。另外，Estes（1981）也指出该属明显和蝾螈属（*Cynops*）亲缘相关，但栖息地纬度更加靠北（比东方蝾螈靠北 400 km）。

中国已知种 仅模式种。

分布与时代 山东，中新世。

评注 该属代表我国有尾类化石的首次发现。但其建立依据尚有疑问，见下文种的评注。

中新原螈？ *Procynops*? *miocenicus* Young, 1965

（图 54）

正模 (BMNH PV 128) PMAM 9，一具不完整的骨骼，左后肢及尾后部缺失，主要保存为印痕，显示背侧。产自山东临沂临朐山旺。

副模 (BMNH PV 129) PMAM 10, 11，与正模同产地的两具几乎完整的骨骼。

鉴别特征 同属。

产地与层位 山东临朐山旺，中中新统山旺组。

评注 杨钟健（1965）提供的原始数据显示，正模的保存长度为 43.3 mm，两个副模分别是 47 mm 和 48 mm，推测标本全长 47–49 mm，所以比东方蝾螈的个体小些；另描述“其头骨轮廓为较清楚的五边形”，“鼻孔距前边缘尚有些微距离，不如近代种之紧靠前缘”，“皮痕也有差别……没有看到背棱的构造”。因为命名人没有提供其他足够的鉴别特征，该属是否成立还存有疑问。

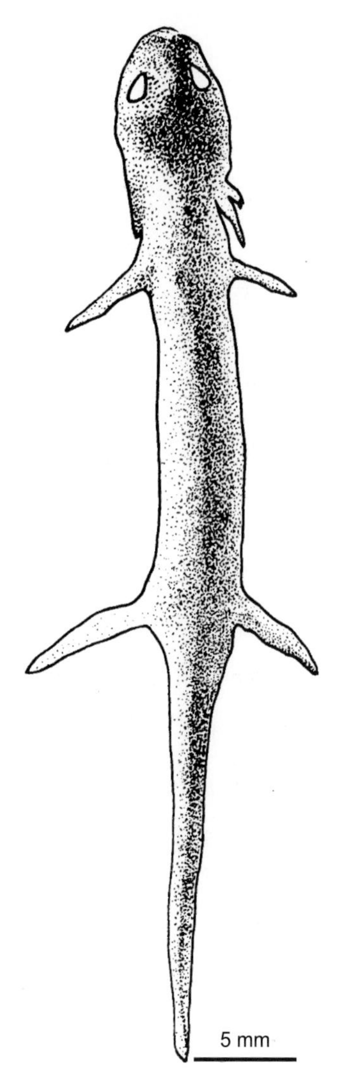

图 54 中新原螈？ *Procynops*? *miocenicus* 正模［(BMNH PV128) PMAM 9］的素描图（引自杨钟健，1965）

欧螈属 Genus *Triturus* Rafinesque, 1815

模式种 脊欧螈 *Triturus cristatus* (Laurenti, 1768)

鉴别特征 多具有显著背棱。

中国已知种 无现生种；化石代表仅有一个未定种，而且存疑。

分布与时代 欧洲、俄罗斯、中东等地，始新世至今。

评注 该属主要分布于欧洲各地，英文名称为“Alpine Newts”，该属的分类一直是分类学上的难题，曾经有一个种（*T. karelinii*）经历了 18 种不同的分类方案。有些过去归入该属的种，被归入了 *Lissotriton*、*Ommatotriton*、*Mesotriton*、*Ichthyosaura* 等属。根据 AmphibiaWeb（2012）统计，该属现含 7 个种。

欧螈属？未定种 *Triturus*? sp.

Triton sp.：Scholsser, 1924

产地与层位 内蒙古化德二登图，上中新统 / 下上新统。

评注 Schlosser（1924）将采自内蒙古化德二登图的一件股骨鉴定为 *Triton* sp.。该属已经被公认为欧螈属（*Triturus*）的同物异名。Schlosser（1924）没有给出鉴定的理由，并称“无法确认即是此属”，但它的发现显示该地区“曾比现代更潮湿”。这件标本没有编号，也没有图版图片，估计应与同产地的三趾马？林蛙标本一起收藏在瑞典乌普萨拉大学。它应代表我国最早报道的化石有尾类，但欧螈属为欧洲典型属，还没有进入东亚的记录，所以能否归入该属还存有疑问。本书采取在属名前加问号的处理方式。

一些同产地的零散的有尾类材料在 20 世纪 80 年代末的野外工作中被发现，现收藏于中国科学院古脊椎动物与古人类研究所，有待于进一步的研究。

蝾螈亚目科未定 Salamandoidea incertae familiae

北燕螈属 Genus *Beiyanerpeton* Gao et Shubin, 2012

模式种 建平北燕螈 *Beiyanerpeton jianpingensis* Gao et Shubin, 2012

鉴别特征 一晚侏罗世幼态持续型蝾螈亚目成员，具以下独特的特征组合：头骨宽大于长，具前背窗（anterodorsal fenestra）和前中窗（anteromedial fenestra）；前颌骨和上颌骨外表面具感觉沟；具前额骨和泪骨；腭骨独立且具齿；边缘齿非基座型（nonpedicellate），为简单的钉状并显著短于犁骨齿；副蝶骨的侧后翼上有容纳颈内动脉（internal carotid artery）的沟槽；耳盖骨与耳柱骨分离；第1和第2下鳃骨骨化；第1和第2基鳃骨愈合；隅骨消失，与前关节骨愈合；荐前椎15枚；脊椎缩短，强烈收缩，具有明显的椎体下嵴（subcentral keel）；指式 2-2-3-2/3，趾式 2-2-3-4-3。

中国已知种 仅模式种。

分布与时代　辽宁，晚侏罗世。

评注　在本书编写即将完成的时候，高克勤和 Shubin 命名了北燕螈（*Beiyanerpeton*）新属，并归入蝾螈亚目科未定。该属属名来自"北燕"，为化石产地在中国历史"十六国"时期的国名。Gao 和 Shubin（2012）通过系统发育分析，认为北燕螈是蝾螈亚目最基部的成员，而且推论有尾目中两大亚目（隐鳃鲵亚目和蝾螈亚目）的分异时间早于晚侏罗世（可能是中侏罗世），分异地点位于欧亚大陆。

建平北燕螈 *Beiyanerpeton jianpingensis* Gao et Shubin, 2012

（图 55）

正模　PKU PV 0601，一近完整的骨骼，显示腹面观。产自辽宁朝阳建平棺材山。

副模　PKU PV 0602–0606 以及存于北京大学的若干未编号标本。

鉴别特征　同属。

产地与层位　辽宁朝阳建平棺材山，上侏罗统髫髻山组。

评注　Gao 和 Shubin（2012）依据 6 件编号标本（PKU PV 0601–0606）和若干件未编号标本建立了建平北燕螈属，种名取自化石产地建平县。其中一件编号标本（PKU PV 0601）指定为正模，其他列为归入标本。但是，根据国际动物命名法规第 72.4.5 条款，同文发表的这些归入标本也应属于模式系列，而模式系列中除正模之外的标本应作为副模（paratype）。因此，本书将这些标本从原文标注的归入标本修改为副模。

Gao 和 Shubin（2012）指出化石产出层位之上的火山岩年龄约为 157 Ma，比产出天义初螈、奇异热河螈和道虎沟辽西螈的内蒙古道虎沟化石层的时代（164 Ma，有学者认为是 >159 Ma）略晚。从标本的保存情况看，图版展示的两件标本 PKU PV 0601 和 PKU PV 0605 似乎都经历了斜侧向挤压，造成了头骨的变形，因此"头骨宽大于长"的鉴别特征存疑，除非其他未变形标本能提供此特征。

值得注意的是，建平北燕螈显示出与天义初螈的诸多相似之处，如犁骨齿列平行于上颌弧（与蝾螈亚目成员常见的纵向排列不同）；肩胛乌喙骨的乌喙骨端稍膨大，近菱形；第 1 和第 2 下鳃骨骨化，具三对外鳃以及骨化的鳃耙。而且其趾式也与天义初螈相同。然而，Gao 和 Shubin（2012）虽然把天义初螈包括进其系统发育分析，但描述和比较讨论部分没有对这两种有尾类进行比较（仅比较了两属的肩胛乌喙骨膨大程度）。本书根据其图版提供的化石照片观察，二者的确十分相似。张桂林（2008）曾经观察了内蒙古道虎沟，辽宁建平、凌源，河北青龙等地的上百件有尾类标本，选取不同的参数进行了线性回归分析，最终将辽宁建平棺材山（张桂林的文中称"棺材梁"）产地的有尾类标本归入了天义初螈，认为它们与内蒙古天义初螈模式标本产地的天义初螈标本，并无种级的差异。另外，犁骨齿列特征经常是有尾类科级分类的依据，而建平北燕螈的犁骨齿列

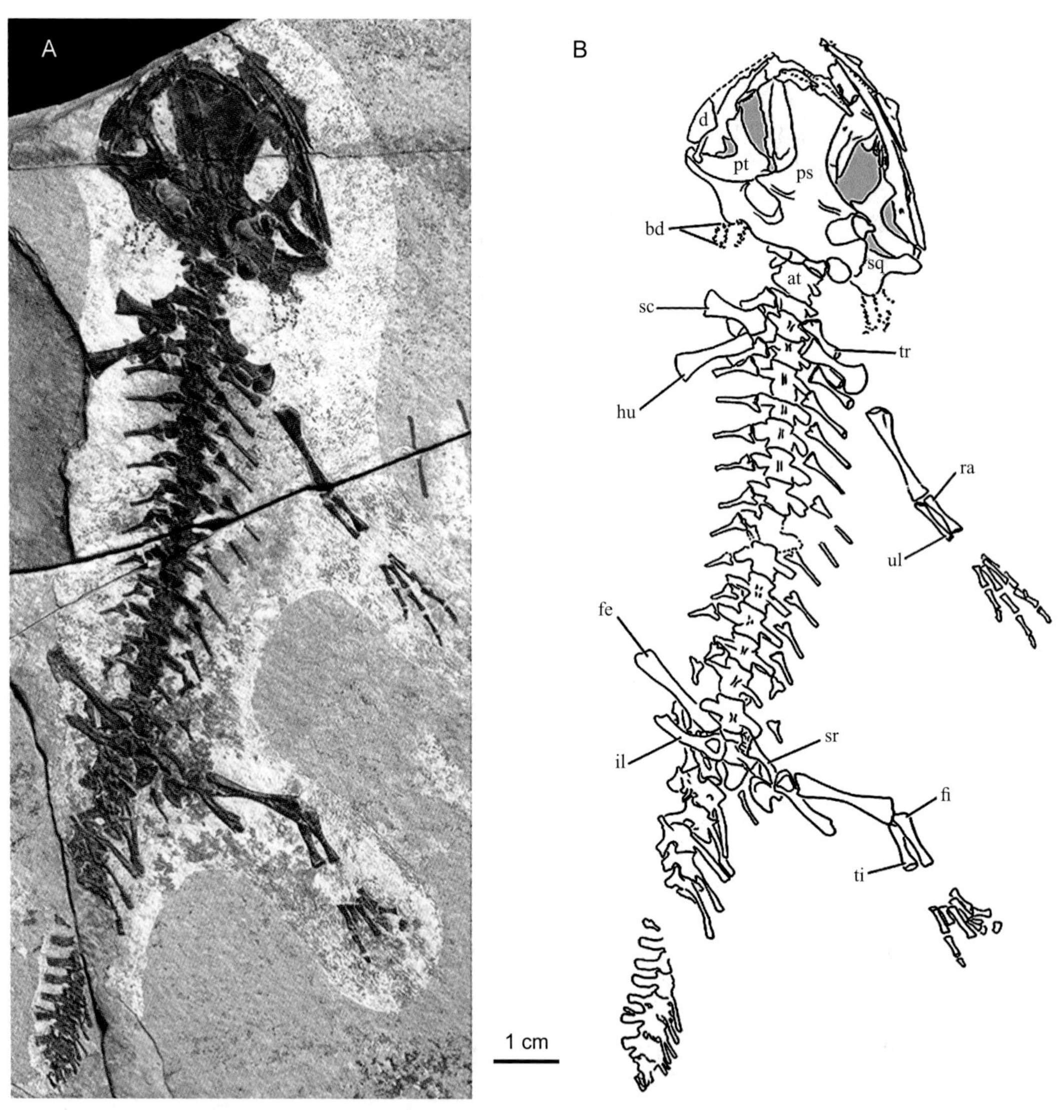

图 55　建平北燕螈 *Beiyanerpeton jianpingensis* 的正模（PKU PV 0601）(引自 Gao et Shubin, 2012)

A. 化石照片；B. 骨骼素描图。at. 寰椎，bd. 鳃耙，d. 齿骨，fe. 股骨，fi. 腓骨，hu. 肱骨，il. 髂骨，ps. 副蝶骨，pt. 翼骨，ra. 桡骨，sc. 肩胛乌喙骨，sq. 鳞骨，sr. 荐肋，ti. 胫骨，tr. 椎体横突，ul. 尺骨

特征与天义初螈一样，属于隐鳃鲵科的类型（齿列平行于上颌弧），而不是蝾螈科的类型（前后向排列）。也许进一步的标本观察可以解决上述疑问。在进一步研究之前，本书按照 Gao 和 Shubin（2012）的分类意见，将建平北燕螈暂归入蝾螈亚目。

有尾目属种不定 Urodela gen. et sp. indet.

（图 56）

评注　杨钟健（1979b）在描述河北滦平县的一种新的恐龙足印（滦平张北足印）时，

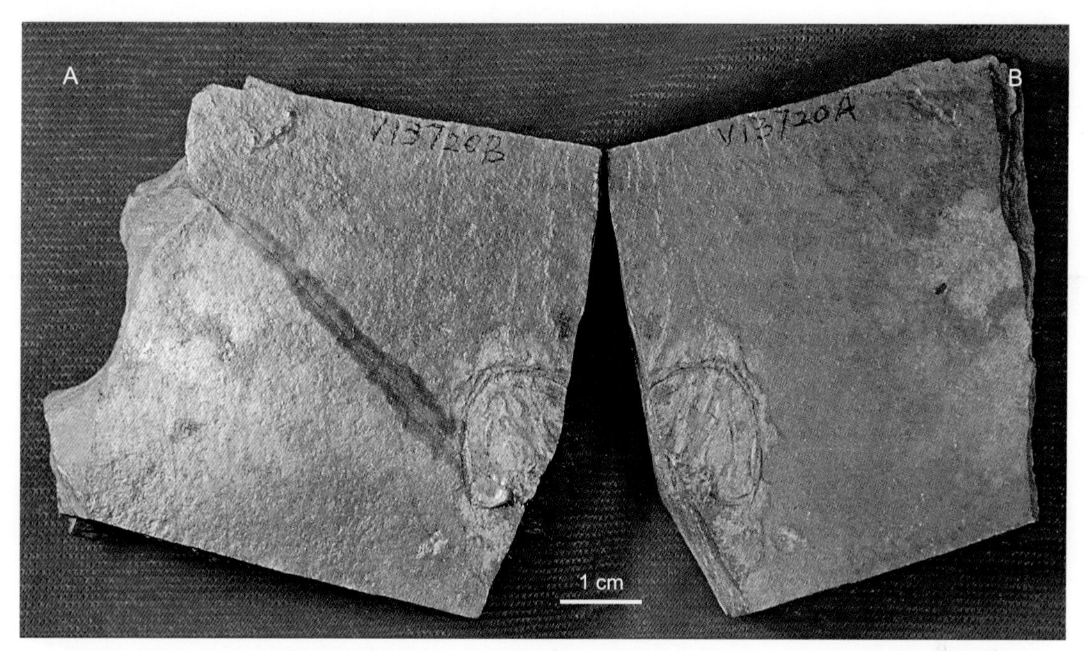

图 56　产自河北滦平的有尾目属种不定 Urodela gen. et sp. indet.（IVPP V 13720）头骨（王原 摄）腹视（A）和背视（B）

提及在恐龙足印层位（上侏罗统大北沟组中部，剖面第五层）之下，（剖面）"第二层中还产一有尾两栖类，未知其详"。该标本一直保存在中国科学院古脊椎动物与古人类研究所，编号为 IVPP V 13720，是保存在正负两面粉砂岩上的不完整头骨。该化石层位现被归入下白垩统大店子组。Wang（2004b）将其列为 Urodela indet. 2。本书作者经过进一步的观察，发现该标本主要保存为不清晰的印模，但其翼骨前支向前内侧变细，指向犁骨齿列，而犁骨齿列似与上颌弧平行，这些特征与初螈或皇家螈相似。希望能发现更多标本以便准确鉴定。

有尾超目科未定 Caudata incertae familiae

热河螈属 Genus *Jeholotriton* Wang, 2000

模式种　奇异热河螈 *Jeholotriton paradoxus* Wang, 2000

鉴别特征　一侏罗纪有尾类，兼具幼体和成体特征，显示其为幼态持续（neoteny）或不完全变态（incomplete metamorphosis）。幼体特征包括：具外鳃，冠状骨具齿，翼骨呈幼年形态，上颌弧（maxillary arcade）短，上颌骨不完全发育。成体特征包括：两鼻骨间的接触宽阔，腭面具有一个指向后方的齿列。热河螈以如下特征组合区别于其他中生代有尾类：具 15–16 个荐前椎，椎体横突短，肋骨单头且近端膨大；翼骨伸向副蝶骨前端的侧面而不是上颌骨后端；犁骨上具有大的前部齿板和向后纵向延伸的齿列；鼻骨大且无前凹；额骨不向前侧方延伸；前颌骨的背突（alary process）显著，长度为前颌骨宽度的 2/5；前足指式 2-2-3-2，后足趾式 (1/2)-2-3-3-2。

中国已知种 仅模式种。

分布与时代 内蒙古，中 / 晚侏罗世。

评注 热河螈属由王原（2000）根据产自内蒙古宁城县道虎沟村附近化石点的标本命名，目前仅有一个模式种——奇异热河螈，且仅产自方圆十几平方千米的道虎沟地区。因原作者认为化石产出层位属于下白垩统热河群义县组，故得此属名。但近期同位素地层学研究显示，该化石层位的时代应为侏罗纪无疑，但具体为中侏罗世、晚侏罗世还是中 - 晚侏罗世尚无统一意见。另外，其化石层位归属也存在不同意见，包括九龙山组、海房沟组、蓝旗组等各种观点（任东等 , 2002；Zhou et al., 2010）。

热河螈与同产地的初螈（*Chunerpeton*）和辽西螈（*Liaoxitriton*）骨骼学特征差异显著，可以根据翼骨、犁骨齿列、外鳃、肩胛乌喙骨的形态，腕骨、跗骨和舌鳃器的骨化情况等进行区分。热河螈的翼骨指向头骨中部，犁骨齿列纵向，肩胛乌喙骨的乌喙端近圆形，腕骨、跗骨不骨化，舌鳃器骨化很弱。特别需要指出的是，热河螈虽然与同产地的初螈一样，都具有三对羽状外鳃，但它与初螈不同，没有骨化的鳃耙（gill raker），所以即使是年轻的个体，也可以根据此特征将二属区别。

奇异热河螈 *Jeholotriton paradoxus* Wang, 2000

（图 57—图 59）

正模 IVPP V 11944A, B，一具保存在正负两面页岩板上的接近完整的关节在一起的骨骼，主要保存为骨骼背面和腹面印痕。产自内蒙古赤峰宁城五化道虎沟。

副模 IVPP V 11946，腭面保存的头骨印痕和前 12 个荐前椎；IVPP V 11943A, B，一具保存在正负两面页岩板上的接近完整的关节在一起的骨骼，主要保存为骨骼背面和腹面印痕；IVPP V11984A, B，一具保存在正负两面页岩板上的接近完整的关节在一起的骨骼，主要保存为骨骼侧面印痕。

归入标本 IVPP V 12515, 11945, 11947, 11948, 11969, 11970, 12610, 12622, 12623, 13389, 14195, 18083。另外，中国科学院古脊椎动物与古人类研究所还有数百件来自正模产地的标本也可归入该种。

鉴别特征 同属。

产地与层位 内蒙古赤峰宁城道虎沟，中 / 上侏罗统（道虎沟化石层）。

评注 奇异热河螈由王原（2000）根据 5 件标本描述并命名，文中指定了 1 个正模、3 个副模和 1 件归入标本，因其头骨特征奇特而建立种名。Wang 和 Rose（2005）对上

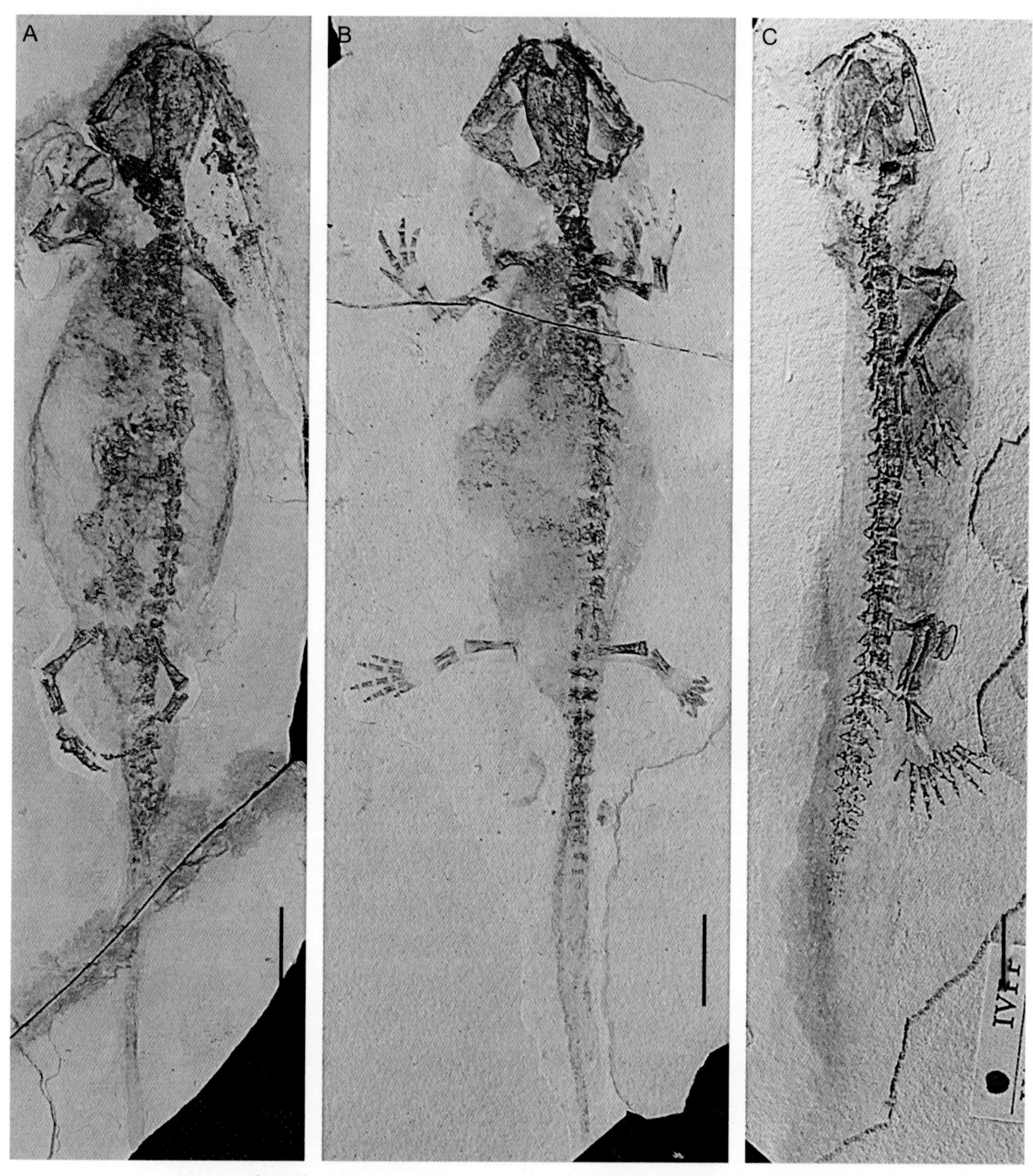

图 57　奇异热河螈 *Jeholotriton paradoxus* 的部分模式标本（张杰 摄）

A. 正模（IVPP V 11944A）；B. 副模（IVPP V 11943A）；C. 副模（IVPP V 11984A）。比例尺为 1 cm

述标本进行了深入研究，并增加了 9 件新的标本；其研究修订了奇异热河螈的鉴别特征，并确认了奇异热河螈的幼态持续特点。奇异热河螈的正模吻臀距约 72 mm，全长约 140 mm，是其中较大个体的代表。Gao 和 Shubin（2003）命名天义初螈（*Chunerpeton tianyiensis*）时，图片介绍了一件腹中有未消化食物并保存了较好皮肤印痕的标本（Gao et Shubin, 2003, Fig. 2），文章将它列为隐鳃鲵类（cryptobranchids）而未作属种鉴定；其头骨、外鳃、肩胛乌喙骨等特征显示这件标本也应是奇异热河螈无疑。上述 15 件标本是公开发表的全部奇异热河螈标本，而从内蒙古道虎沟化石点产出的标本应数以千

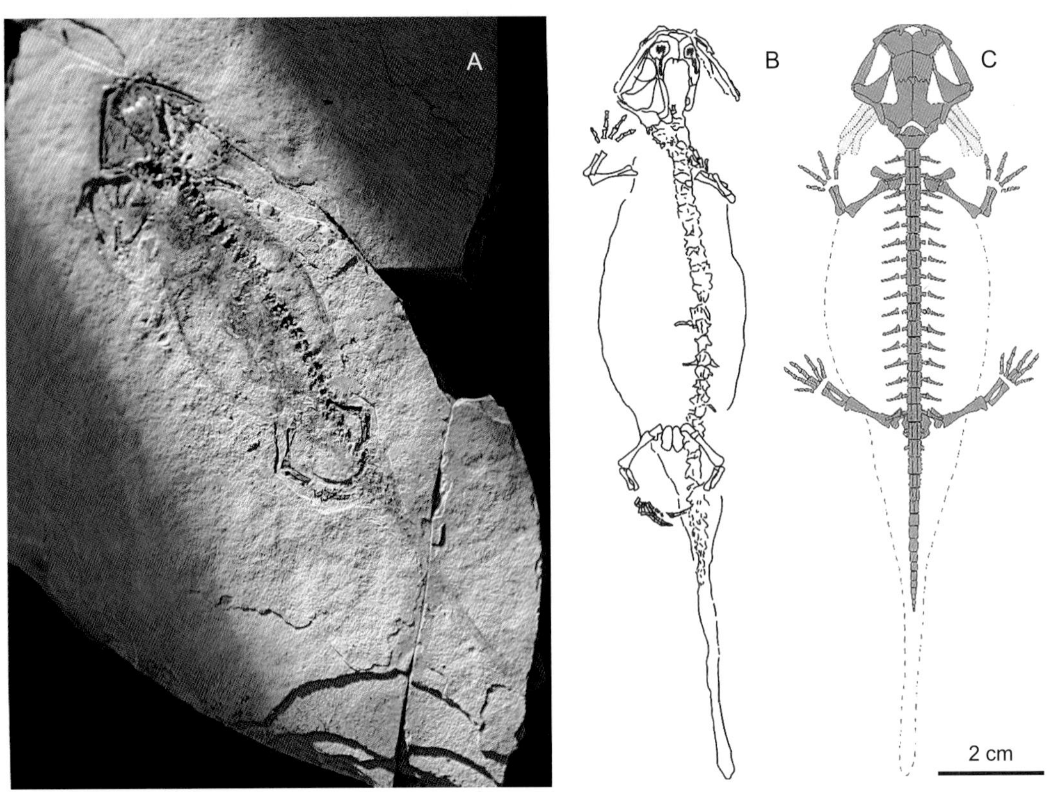

图 58　奇异热河螈 *Jeholotriton paradoxus* 正模（IVPP V 11944A）的化石照片（A，腹视）和骨骼素描图（B，腹视），以及奇异热河螈的骨骼复原图（C，背视）（引自 Wang et Rose, 2005）

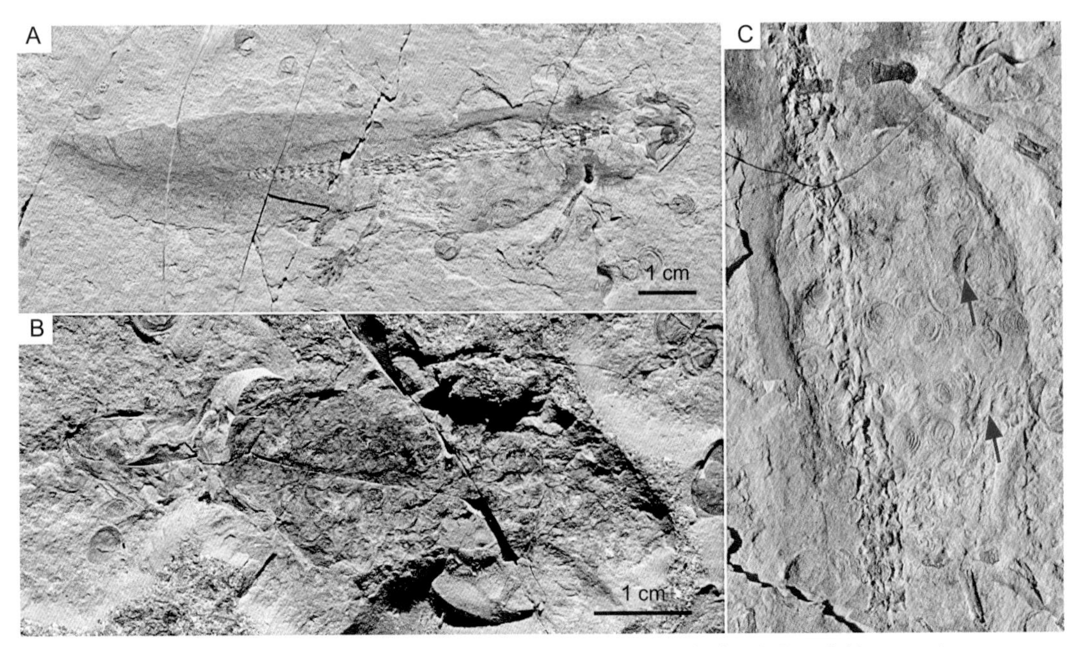

图 59　腹中有食物的奇异热河螈（*Jeholotriton paradoxus*）（引自董丽萍等，2011）

A. IVPP V 14195B；B. IVPP V 18083；C. 图 A 的腹部放大，箭头示意双壳张开的叶肢介。奇异热河螈腹中的食物为滦平真叶肢介（*Euestheria luanpingensis*）

计。所有奇异热河螈标本都产自内蒙古宁城道虎沟地区的三个化石层位（汪筱林等，2005）。

奇异热河螈不仅是道虎沟地区发现的第一种有尾类，也与同产地的天义初螈、道虎沟辽西螈（*Liaoxitriton daohugouensis*）一起，是我国已知时代最早的有尾类的代表。与后二者不同，奇异热河螈不能归入已知传统的有尾类的各科；其纵向的犁骨齿列显示了蝾螈科成员（salamandrids）的特征，而单头的肋骨又显示与隐鳃鲵超科成员（cryptobranchoids，包括隐鳃鲵科 Cryptobranchidae 和小鲵科 Hynobiidae）的亲缘关系。上述三个科级类群的现生成员在中国都有分布。对奇异热河螈的系统学研究的困难，也体现出整个有尾类系统学领域研究中的问题，其中一个关键点，在于因幼态持续（又称“幼型”paedomorphisis）造成的性状极性确定和编码的困难（Wiens et al., 2006）。

奇异热河螈具有外鳃、无骨化的腕骨（carpal）和跗骨（tarsal）、具有侧扁的尾部和发达的脉弓（haemal arch）等典型水生有尾类特征，显示其水生特性。因所有已知标本均为幼态持续型，故推测这种动物应为专性幼态持续（obligate neoteny）。部分标本保存了尚未消化的胃容物（stomach content），显示其典型食物为叶肢介类（董丽萍等, 2011；Gao et Shubin, 2003），且已知腹中有食物的标本个体均中等或偏小，反映以叶肢介为食物是热河螈较早期发育阶段的捕食特性（董丽萍等，2011）。另外，道虎沟产地发现了大量不同发育阶段的奇异热河螈标本（体长从1–2 cm到十几厘米），这在世界其他化石有尾类中是十分少见的，可以在个体发育学方面做深入的研究。

胖螈属 Genus *Pangerpeton* Wang et Evans, 2006

模式种 中华胖螈 *Pangerpeton sinensis* Wang et Evans, 2006

鉴别特征 幼态持续的侏罗纪有尾类：头宽短；只有14个荐前椎；犁骨齿纵向排列，中间至少两排；翼骨的前侧支短；椎体横突短，具单头肋。与初螈和热河螈的不同之处在于：腭翼骨上不具齿，具有纵向的犁骨齿列，而初螈的犁骨齿列平行于边缘齿，热河螈的犁骨齿成团状。胖螈与热河螈的不同之处还有：翼骨前支指向前侧向而不是前中向；具有骨化的舌器。与辽西螈、塘螈、中国螈的不同之处在于：犁骨齿纵向排列而不横向排列；腕骨和跗骨不骨化。与其他中生代有尾类的区别是：头骨短；荐前椎的数目少；两对角鳃骨骨化。

中国已知种 仅模式种。

分布与时代 辽宁，中 / 晚侏罗世。

评注 汪筱林等（2005）认为，胖螈的化石产地辽宁凌源无白丁的地层与内蒙古道虎沟化石层相当。

中华胖螈 *Pangerpeton sinensis* Wang et Evans, 2006

（图 60）

正模 IVPP V 14244，一几乎完整的骨架的腹面印痕。产自辽宁凌源万元店无白丁。

归入标本 IVPP V 17926、IVPP V 18754 和 IVPP V 18891，均为保存在正负面对开岩板上的关节在一起的较完整骨骼和印痕。

鉴别特征 同属。

产地与层位 辽宁凌源万元店无白丁，中 / 上侏罗统（与内蒙古道虎沟化石层相当）。

评注 该种仅有 14 个荐前椎，是世界已知身体最短的有尾类之一。Wang 和 Evans（2006b）认为中华胖螈为经过变态的有尾类。本书认为，具有两对骨化的角鳃骨，以及犁骨齿列纵向排列都应是幼态持续种类的典型特征。因此中华胖螈应为幼态持续型有尾类。

Wang 和 Evans（2006b）的系统发育学分析表明胖螈与几乎同时代的热河螈构成姐妹群，而且这一支和隐鳃鲵类、其他所有冠群有尾类形成一个未解决的三分支。所以热河螈 - 胖螈这一支可能属于基干有尾类。但 Zhang 等（2009）的系统发育显示，热河螈与胖螈可能都属于隐鳃鲵类支系的冠群有尾类。该文将 *Regalerpeton*、*Jeholotriton* 和 *Pangerpeton* 作为隐鳃鲵类的相继姐妹群，而该分支与小鲵类（包括中国侏罗纪和白垩纪的辽西螈，以及北美侏罗纪的 *Iridotriton*）、西班牙白垩纪的 *Valdotriton*，以及其他冠群有尾类形成一个未解决的四分支。显然有尾类的系统发育在传统科级水平并未有好的解决方案，但胖螈的特征，以及地质时代显示它如不是干群有尾类，就应该是一个较原始的冠群有尾类代表。

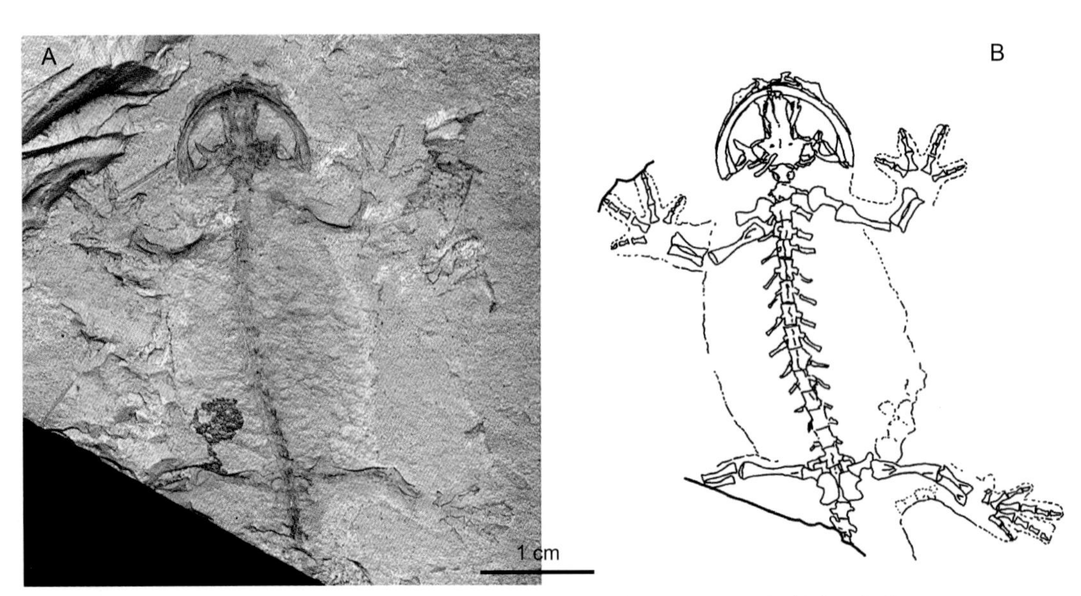

图 60 中华胖螈 *Pangerpeton sinensis* 正模（IVPP V 14244）的化石照片（A）（王原 摄）和骨骼素描图（B）（腹视）（引自 Wang et al., 2008）

爬行型纲 Class REPTILIOMORPHA Säve-Söderbergh, 1934

石炭蜥目 Order ANTHRACOSAURIA Säve-Söderbergh, 1934

石炭蜥型亚目 Suborder ANTHRACOSAUROMORPHA Ivkhnenko et Tverdokhlebova, 1980

概述 石炭蜥类（目、亚目）属于原始四足类。常被归入爬行型类，与羊膜类具有较近亲缘关系，一般认为羊膜类从石炭蜥类中演化而来。按照传统定义，石炭蜥类（目、亚目）是一类已经灭绝的、形态兼具两栖类和爬行类特征的似爬行两栖动物。为一并系类群。生存于石炭纪早期至三叠纪早期。因首先发现于石炭纪的煤系地层而得名。一般分为石炭蜥型亚目（Anthracosauromorpha）和西蒙龙型亚目（Seymouriamorpha）。石炭蜥型亚目包括迟滞鳄科（Chroniosuchidae）、毕氏螈科（Bystrowianidae）等。

形态特征 中等体型，多数种类食鱼；部分陆生，但多数适应于次生性的水生生活。

术语与测量方法 石炭蜥类的头骨（图61）与基干四足类的头骨骨骼模式基本相同。头骨包括（背视）：前颌骨、上颌骨、轭骨、方轭骨、方骨、鼻骨、额骨、顶骨、

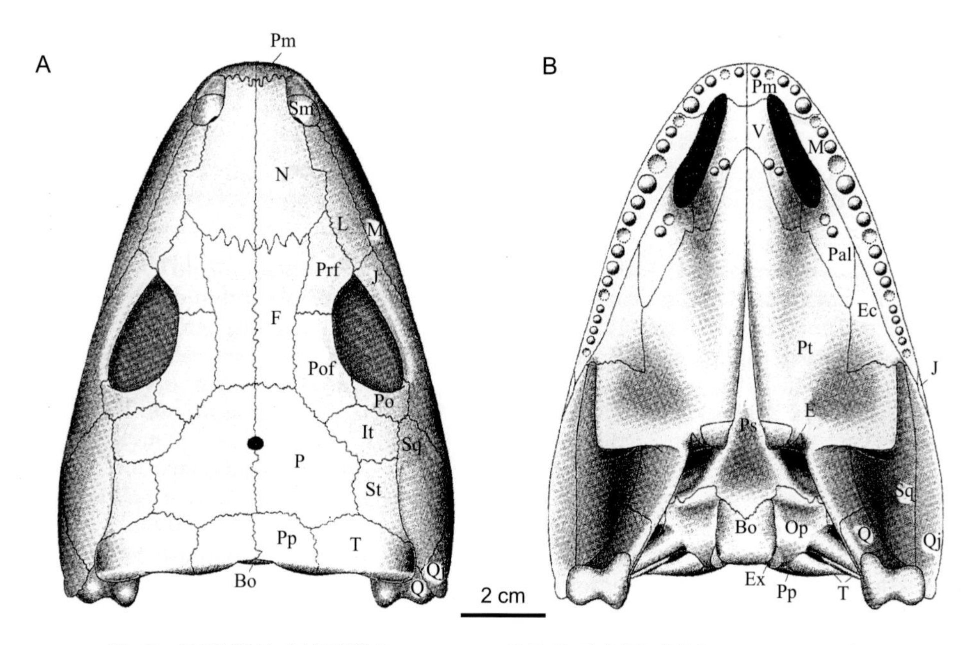

图 61 石炭蜥目成员西蒙龙 *Seymouria* 的头骨示意图（引自 Laurin，2000）

A. 背视；B 腹视。Bo. 基枕骨，E. 上翼骨，Ec. 外翼骨，Ex. 外枕骨，F. 额骨，It. 间颞骨，J. 轭骨，L. 泪骨，M. 上颌骨，N. 鼻骨，Op. 后耳骨，P. 顶骨，Pal. 腭骨，Pm. 前颌骨，Po. 后眶骨，Pof. 后额骨，Pp. 后顶骨，Prf. 前额骨，Ps. 副蝶骨，Pt. 翼骨，Q. 方骨，Qj. 方轭骨，Sm. 隔颌骨，Sq. 鳞骨，St . 上颞骨，T. 棒骨，V. 犁骨

后顶骨、隔颌骨、前额骨、后额骨、后眶骨、间颞骨（intertemporal）、鳞骨、上颞骨、棒骨，以及（腹视）犁骨、腭骨、翼骨、外翼骨、副蝶骨、上翼骨（epipterygoid）、基枕骨（basioccipital）、后耳骨（opistotic）、外枕骨等。其成年个体的头骨中的真皮骨表面具有深的坑嵴结构，幼年个体的真皮骨表面可见感觉沟。头骨的后侧有一个深的耳凹。头后骨骼变化较大，以西蒙龙型类为例（图62），大约有24至28个荐前椎，具有寰椎和枢椎，通常只有一个荐椎，个别大型个体具有两个。尾椎大约40个。脊椎由椎弓、一个侧椎体和一个间椎体构成。肩带骨骼包括中间的间锁骨、成对的锁骨和匙骨，一个肩胛骨和一个乌喙骨；腰带骨骼包括肠骨、坐骨和耻骨。前后肢都是五趾。

分布与时代 欧洲、中亚、中国，石炭纪和三叠纪。

评注 有学者将该亚目提升为目级（Benton, 2005），将迟滞鳄类等提升为亚目级别，其所包括的分类单元内容也会随不同学者的分类而略有变化。

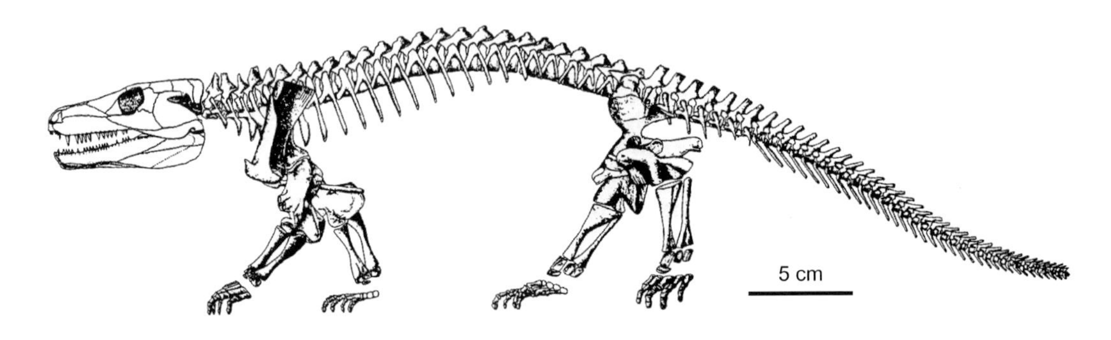

图 62 石炭蜥目成员西蒙龙 *Seymouria* 的骨骼复原图（引自 Laurin，2000）

迟滞鳄科 Family Chroniosuchidae Vjuschkov, 1957

概述 一类已经灭绝的石炭蜥类“两栖动物”。生存于中、晚二叠世。包括迟滞鳄（*Chroniosuchus*）、*Jugosuchus*、*Chroniosaurus*、*Uralerpeton*等属（Golubev, 1998a），以及中国的泰齿螈（*Ingentidens*）、兄弟迟滞螈（*Phratochronis*）等属。

鉴别特征 中、晚二叠世水生石炭蜥类；头骨长可达50–55 cm；眼眶朝向背侧方；在轭骨、前额骨、泪骨和上颌骨之间，具有一对眶前窗；泪骨与上颌骨之间为活动关节；颊的背后缘平缓（与下颌夹角30º–35º）；无间颞骨；鳞骨与后眶骨接触；方轭骨的腹缘直或稍微内凹；翼骨凸缘位于腭平面内；背甲（trunk scute）咬合类型为迟滞鳄型；背甲的腹突与神经弓松散连接或愈合；间椎体从年轻个体中的环形至成年个体中的球形。

中国已知属 泰齿螈属（*Ingentidens*）、兄弟迟滞螈属（*Phratochronis*）。

分布与时代 俄罗斯、中亚、中国等，二叠纪。

评注 该科也有迟滞鳄亚目的用法，包括毕氏螈科和迟滞鳄科。

泰齿螈属 Genus *Ingentidens* Li et Cheng, 1999

模式种 走廊泰齿螈 *Ingentidens corridoricus* Li et Cheng, 1999

鉴别特征 个体中等大小，头长超过300 mm；边缘齿为数众多（约45个），下颌具多个大的犬齿状齿（12个），其后的牙齿自前向后逐渐减小；下颌表面纹饰呈蜂窝型；齿骨具平行于上缘的齿骨沟（sulcus dentalis）；冠状骨和前冠状骨无齿；麦克尔氏孔（Meckelian fenestra）大。

中国已知种 仅模式种。

分布与时代 甘肃，中二叠世。

评注 泰齿螈属因下颌具巨大的牙齿而得名。命名者认为该属与 *Chroniosaurus* 和 *Chroniosuchus* 形态最为接近，但以具有更大的麦克尔氏孔，且冠状骨表面无齿，第 5–16

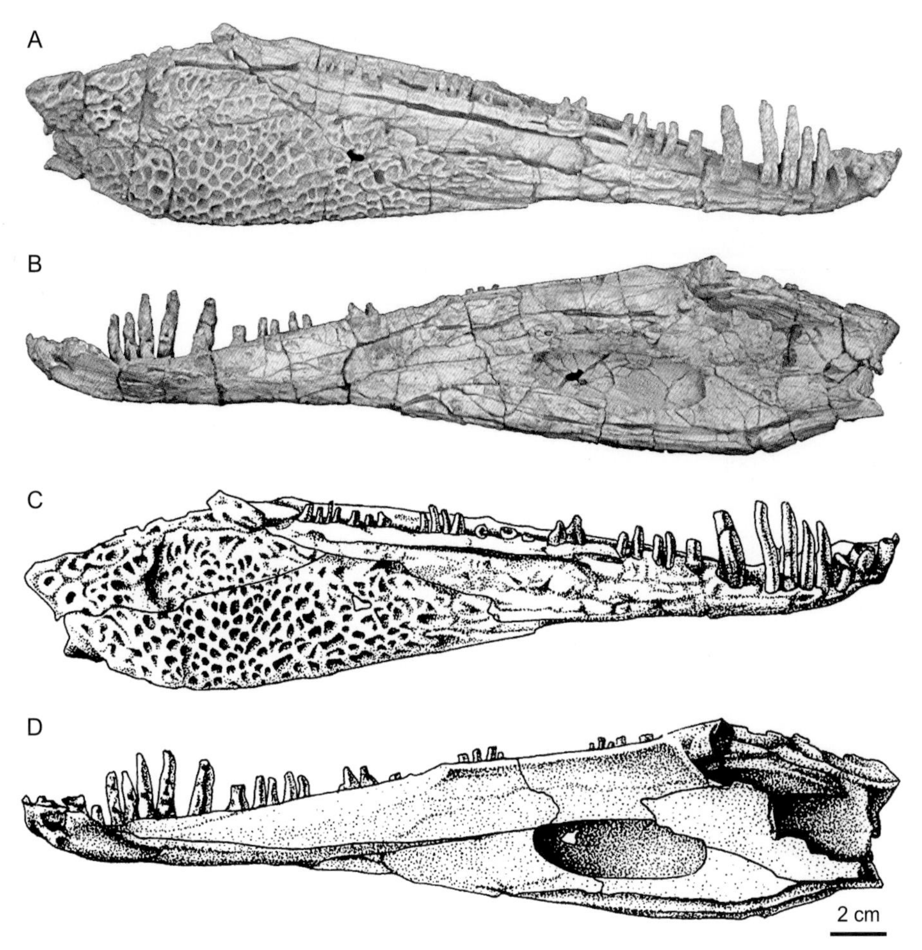

图63 走廊泰齿螈*Ingentidens corridoricus*正模（IGCAGS V 363）

A. 外侧视（化石照片）；B. 内侧视（化石照片）（A, B 张杰 摄）；C. 外侧视（骨骼素描图）；D. 内侧视（骨骼素描图）（C, D引自李锦玲、程政武，1999）

枚牙齿巨大与后两个属相区别。与泰齿螈同产地的有“离片椎类”成员（如似卡玛螈 *Anakamacops*）。另外，该属的层位原被标注为上二叠统西大沟组，刘俊等（2012）根据新的研究将其修订为中二叠统青头山组。

走廊泰齿螈 *Ingentidens corridoricus* Li et Cheng, 1999

（图 63）

正模 IGCAGS V 363，一后端稍缺损的右下颌。产自甘肃玉门大山口。

鉴别特征 同属。

产地与层位 甘肃玉门大山口，上二叠统青头山组。

评注 该种种名源自化石产地“河西走廊”。该种目前仅有一件正模下颌，保存长度约 310 mm，代表一种较大型的迟滞鳄类。

兄弟迟滞螈属 Genus *Phratochronis* Li et Cheng, 1999

模式种 祈连兄弟迟滞螈 *Phratochronis qilianensis* Li et Cheng, 1999

鉴别特征 个体较小的迟滞鳄类（上颌齿列长约115 mm，估计头长170 mm）。以具有较粗壮的犬齿状齿有别于俄罗斯的迟滞鳄类；以明显的侧生型齿、较少的犬齿状齿（齿骨上有三颗犬齿状齿）和较为一致的牙齿形态（上颌齿形态及大小较为一致）区别于泰齿螈属。

中国已知种 仅模式种。

分布与时代 甘肃，中二叠世。

评注 该属属名显示它是“迟滞鳄类的同族兄弟”。该属个体明显小于泰齿螈类，且其犬齿型齿的数目少，牙齿侧生型，大小较均一，可以与同产地的泰齿螈区分开。

祁连兄弟迟滞螈 *Phratochronis qilianensis* Li et Cheng, 1999

（图 64）

正模 IGCAGS V 364，保存不完整的右前颌骨和右上颌骨。产自甘肃玉门大山口。

鉴别特征 同属。

产地与层位 甘肃玉门大山口，中二叠统青头山组。

评注 种名显示化石产自“祁连山北坡”。虽然标本保存不好，但上颌骨背缘的结构显示该动物的头骨具有两个眶前孔。标本保存长度约 115 mm（含前颌骨和上颌骨），推测头骨全长约 170 mm。

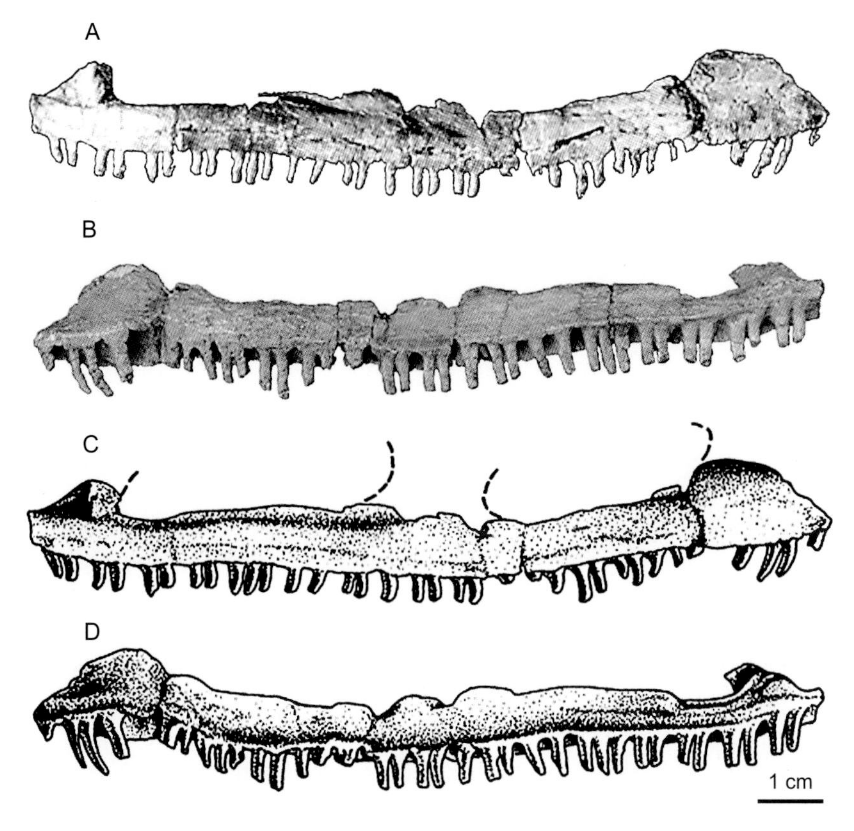

图 64 祁连兄弟迟滞螈 *Phratochronis qilianensis* 正模（IGCAGS V 364）
A. 外侧视（化石照片）；B. 内侧视（化石照片）（A, B 张杰 摄）；C. 外侧视（骨骼素描图）；D. 内侧视（骨骼素描图）
（C, D 引自李锦玲、程政武，1999）

毕氏螈科 Family Bystrowianidae Vjushkov, 1957

概述 一类已经灭绝的爬行型“两栖动物”。生存于晚二叠世至中三叠世。包括 *Axitectum*、毕氏螈（*Bystrowiana*）、*Bystrowiella*、*Jugosuchus*等属（Witzmann et al., 2008）。

鉴别特征 晚二叠世至三叠纪的两栖型石炭蜥类；头长可达 20 cm；眼眶朝向背方；眶后窗窄，位于头顶与颊部之间；颊的背后缘陡（与下颌夹角 60º–65º）；鳞骨短；轭骨构成颊部背缘的主体；鳞骨不与眶后骨接触；方轭骨的腹缘稍微向背侧弯曲，后部的突起指向前下方；翼骨突缘显著；背甲（trunk scute）咬合类型为毕氏螈型；背甲翼如存在则从前向后叠压；背甲的腹突总与神经弓愈合；神经弓上具深坑，有时形成前后向延伸的管道；间椎体环形或盘形。

中国已知属 毕氏螈属（*Bystrowiana*）。

分布与时代 俄罗斯、德国、中国，二叠纪。

评注 Golubev（1998a, b）对迟滞鳄亚目下辖的两个科：迟滞鳄科和毕氏螈科做了较为详尽的讨论和总结，并分别列出了科的鉴别特征，以及迟滞鳄科各属的鉴别特征。

毕氏螈属 Genus *Bystrowiana* Vyushkov, 1957

模式种 二叠毕氏螈 *Bystrowiana permira* Vyushkov, 1957

鉴别特征 该属具窄的背甲，背甲翼长超过其宽；背甲翼从前向后叠压；神经弓表面具深的凹坑，并经常形成前后向的管道。该属与 *Axitectum* 属的一个主要区别在于后者无背甲翼（Golubev, 1998b）。

中国已知种 中国？毕氏螈（*Bystrowiana sinica*?）。

分布与时代 俄罗斯、中国（河南），晚二叠世。

评注 杨钟健（1979a）将河南产出的部分残破材料归入毕氏螈属，使我国与俄罗斯上二叠统有一共同之属。如果该鉴定准确，则具有一定古地理分布和地层对比的意义。在高级分类上，杨钟健将中国毕氏螈归入西蒙螈型类可德拉龙科（Kotlassidae）。Sun 等（1992）和 Wang 等（2008）沿用了此方案。本书采纳 Golubev（1998b）的观点，将该属归入毕氏螈科，但本书未建立迟滞鳄亚目，而是下属于石炭蜥型亚目（Golubev 用的是石炭蜥型目）。

中国？毕氏螈 *Bystrowiana sinica*? Young, 1979a

（图 65）

正模 IVPP V 4014，一较完整脊椎，一具背甲的棘突，两个残破背甲，一节尺骨，若干指骨和碎脊椎。产自河南济源大峪槐圪塔岭。

鉴别特征 背甲特征与模式种二叠毕氏螈相似，但较之小些；背甲雕饰部局部向后拉长，凹入甚深，与模式种相区别。

产地与层位 河南济源大峪槐圪塔岭，上二叠统上石盒子组。

评注 杨钟健根据标本号为 IVPP V 4014 的几件较破碎骨片建立中国毕氏螈新种，但并未给出足够的鉴别特征。因此该种应为疑难学名。

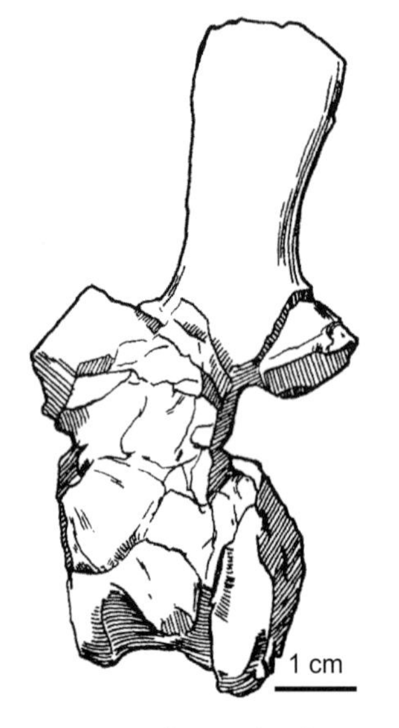

图 65 中国？毕氏螈 *Bystrowiana sinica*? 正模（IVPP V 4014）的骨骼素描图（左侧视）（引自杨钟健，1979a）

西蒙龙型亚目 Suborder SEYMOURIAMORPHA Watson, 1917

概述 西蒙龙型类是小型但分布广泛的早期陆生四足动物。它们发现于欧洲、亚洲和北美洲的二叠系中。根据 Laurin（1998b）在“Tree of Life”（http://tolweb.org/

Seymouriamorpha/15005）中的统计，包括 6 属 8 个有效种。

定义与分类 一类已经灭绝的“石炭蜥类”四足动物，属于爬行型纲。生存于早二叠世至晚二叠世。包括 Discosauriscidae、Kotlassidae、Seymouriidae、Waggoneriidae 等科级成员以及 *Utegenia*、*Quadropedia* 等不归入任何已知科的属。

形态特征 一般具有尖利、锥状的牙齿和腭面上的大牙，应为肉食性动物；胃容物显示可能有食同类的情况；成年头骨上的膜质骨具有深的雕饰，而幼年个体只有浅坑或浅沟；头骨纹饰显示皮肤紧贴头骨表面；棒骨与顶骨接触；躯体相对较短，四肢短粗；椎体由神经弓、大的圆柱形双凹的侧椎体，以及小的新月形间椎体构成；荐椎一般1个，大型个体有时2个；肩带包括间锁骨、锁骨、匙骨、肩胛骨和乌喙骨；指式2-3-4-4/5-3，趾式2-3-4-5-3；所有西蒙龙型动物的头骨上都有一个相对较小的后颞窗，且有一个细的镫骨。

分布与时代 欧洲、中亚、中国，石炭纪至三叠纪。

评注 不少学者将该亚目提升为目级（Benton, 2005），将迟滞鳄类等提升为亚目级别。

盘蜥螈科 Family Discosauriscidae Jackel, 1909

概述 一种已经灭绝的西蒙龙型类爬行型动物。生存于石炭纪至二叠纪。包括 *Ariekanerpeton*、*Discosauriscus*、*Makowskia*、*Spinarerpeton*、*Urumqia*等属。

鉴别特征 短肢、尾长、体表具有或不具有膜质骨板；有些种类侧线系统发育，显示出幼态持续特征。水生至陆生。

中国已知属 乌鲁木齐鲵属（*Urumqia*）。

分布与时代 欧洲、中国，石炭纪至二叠纪。

评注 哈萨克斯坦原始的西蒙龙型类 *Utegenia* 有时被归入该科，或者作为该科的姐妹群。

乌鲁木齐鲵属 Genus *Urumqia* Zhang, Li et Wang, 1984

模式种 六道湾乌鲁木齐鲵 *Urumqia liudaowanensis* Zhang, Li et Wang, 1984

鉴别特征 头骨较高窄，耳凹深但并不宽阔；枕骨向后延伸不超过颊部的后缘；方骨髁和枕髁的前后位置几乎相当；颊部与头顶联合不紧密；轭骨在上颌骨之后参与头骨上颌缘的构成；顶骨大且具一变窄的方形前突；棒骨侧突长；乌喙骨和肩胛骨分别骨化，乌喙骨圆盘形；具腹膜肋（gastralia）；指式 1-2-3-3-2，趾式 1-2-3-3/4-2。

中国已知种 仅模式种。

分布与时代 新疆，晚二叠世。

评注 Laurin（1998b）在“Tree of Life”对西蒙龙型类的系统发育分析中，将乌鲁

木齐鲵属与 *Kotlassia*、*Utegenia* 一起作为 [*Ariekanerpeton*, *Discosauriscus*, *Seymouria*] 支系的外类群。

六道湾乌鲁木齐鲵 *Urumqia liudaowanensis* Zhang, Li et Wang, 1984

(图 66，图 67)

正模 (XGMRM) XMGM 6，头骨及前部头后骨骼。产自新疆乌鲁木齐六道湾。

副模 IVPP V 7391.1–11 及其他未编号标本合计约 30 件。与正模同产地。

归入标本 IVPP V 18850（一完整骨架）及一批未编号标本。与正模同产地。

鉴别特征 同属。

产地与层位 新疆乌鲁木齐六道湾，上二叠统芨芨槽群（？）芦草沟组。

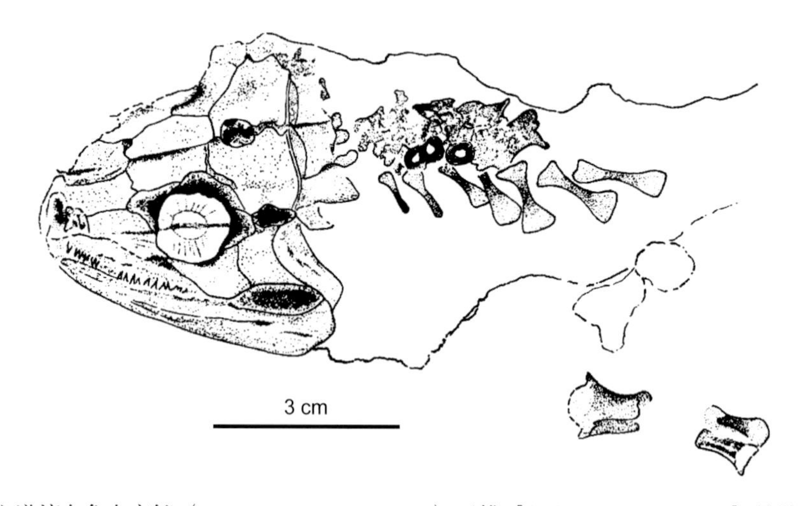

图 66 六道湾乌鲁木齐鲵（*Urumqia liudaowanensis*）正模［(XGMRM) XMGM 6］骨骼的素描图（背侧视）（引自张法奎等, 1984）

图 67 六道湾乌鲁木齐鲵 (*Urumqia liudaowanensis*) 的归入标本 (IVPP V 18850)（腹视）（王原 摄）

评注 原始论文中提到约30件标本［包括正模 (XGMRM) XMGM 6、IVPP V 7391.1–11及未编号标本］。根据国际动物命名法规第72.4.5条款，同文发表的归入标本也应属于模式系列，而模式系列中除正模之外的标本应作为副模（paratype）。因此，本书将这些标本从原文标注的归入标本修改为副模。

六道湾乌鲁木齐鲵曾被认为是*Utegenia shpinari*的同物异名（Ivakhnenko, 1987）。腹膜肋（gastralia）的出现表明该种与*Discosauriscus*、*Ariekanerpeton* 或 *Seymouria*的关系可能并不紧密。在尝试解决它的系统发育关系之前需要进行更详细的描述。在本书工作进行的过程中，笔者2011年曾重新赴化石产地，发现大多数产地已经被人类活动覆盖（建设用房），但也从收藏者手中收集到一些较好的标本（图67），可作为进一步工作的基础。

参 考 文 献

程政武 (Chen Z W). 1980. 古脊椎动物化石 . 见 : 陕甘宁盆地中生代地层古生物 . 北京 : 地质出版社 . 115–171

董丽萍 (Dong L P), 黄迪颖 (Huang D Y), 王原 (Wang Y). 2011. 内蒙古宁城两种保存了胃中食物的侏罗纪有尾类 . 科学通报 , 65(34): 2846–2849

董枝明 (Dong Z M). 1985. 四川自贡大山铺蜀龙动物群 简报 V: 两栖类 . 古脊椎动物学报 , 23(4): 301–306

董枝明 (Dong Z M), 王原 (Wang Y). 1998. 辽宁西部早白垩世一新的有尾两栖类 . 古脊椎动物学报 , 36(2): 159–172

费梁 (Fei L), 胡淑琴 (Hu S Q), 叶昌媛 (Ye C Y), 黄永昭 (Huang Y Z) 等 . 2006. 中国动物志 两栖纲 (上卷). 北京 : 科学出版社

费梁 (Fei L), 胡淑琴 (Hu S Q), 叶昌媛 (Ye C Y), 黄永昭 (Huang Y Z) 等 . 2009a. 中国动物志 两栖纲 (中卷). 北京 : 科学出版社

费梁 (Fei L), 胡淑琴 (Hu S Q), 叶昌媛 (Ye C Y), 黄永昭 (Huang Y Z) 等 . 2009b. 中国动物志 两栖纲 (下卷). 北京 : 科学出版社

高春玲 (Gao C L), 刘金远 (Liu J Y). 2004. 辽宁北票发现一新的无尾两栖类 . 世界地质 , 23(1): 1–5

高克勤 (Gao K Q). 1986. 山东临朐中中新世锄足蟾类化石及临朐蟾蜍的再研究 . 古脊椎动物学报 , 24(1): 63–74

高克勤 (Gao K Q), 程政武 (Chen Z W), 徐星 (Xu X). 1998. 中国中生代有尾两栖类化石的首次报导 . 中国地质 , (250): 40–41

黄迪颖 (Huang D Y). 2013. 对道虎沟生物群蝌蚪化石的重新探讨 . 古生物学报 , 52(2): 141–145

姬书安 (Ji S A), 季强 (Ji Q). 1998. 中国首次发现的中生代蛙类化石 (两栖纲 : 无尾目). 中国地质 , (250): 41–42

李锦玲 (Li J L), 程政武 (Chen Z W). 1999. 大山口低等四足类动物群中的两栖类 . 古脊椎动物学报 , 37(3): 234–247

刘俊 (Liu J), 尚庆华 (Shang Q H), 孙克勤 (Sun K Q), 李录 (Li L). 2012. 甘肃玉门大山口含脊椎动物化石层位及北祁连区二叠纪、三叠纪地层序列 . 古脊椎动物学报 , 50(1): 373–381

刘玉海 (Liu Y H). 1961. 山西榆社一蛙化石新种 . 古脊椎动物学报 , (4): 340–343

任东 (Ren D), 高克勤 (Gao K Q), 郭子光 (Guo Z G), 姬书安 (Ji S A), 谭京晶 (Tan J J), 宋卓 (Song Z). 2002. 内蒙古宁城道虎沟地区侏罗纪地层划分及时代探讨 . 地质通报 , 21(8-9): 584–588

汪筱林 (Wang X L), 周忠和 (Zhou Z H), 贺怀宇 (He H Y), 金帆 (Jin F), 王元青 (Wang Y Q), 张江永 (Zhang J Y), 王原 (Wang Y), 徐星 (Xu X), 张福成 (Zhang F C). 2005. 内蒙古宁城道虎沟化石层的地层关系与时代讨论 . 科学通报 , 50(19): 2127–2135

王原 (Wang Y). 2000. 早白垩世热河生物群一新的有尾两栖类 . 古脊椎动物学报 , 38(2): 100–103

王原 (Wang Y). 2002. 热河群的滑体两栖类化石及无尾类基群的系统发育研究 . 中国科学院研究生院博士学位论文 . 1–153

王原 (Wang Y). 2004. 内蒙古中生代有尾两栖类一新种 : 道虎沟辽西螈 . 科学通报 , 49(8): 814–815

王原 (Wang Y). 2006. 中生代滑体两栖类研究的现状与最新进展 . 见 : 白春礼主编 . 中国科学院优博论丛 2005. 北京 : 科学出版社 . 176–181

王原 (Wang Y), 高克勤 (Gao K Q). 1999. 亚洲最早的盘舌蟾类化石 . 科学通报 , 44(4): 407–412

杨钟健 (Young C C). 1963. 山西中国肯氏兽动物群的迷齿类 . 古脊椎动物学报 , 7(4): 58–62

杨钟健 (Young C C). 1965. 中国中新统蝾螈化石的首次发现 . 古生物学报 , 13(3): 455–459

杨钟健 (Young C C). 1966. 新疆大头龙的首次发现 . 古脊椎动物学报 , 10(1): 58–62

杨钟健 (Young C C). 1973. 新疆吉木莎尔水龙兽层的迷齿类 . 古脊椎动物学报 , 11(1): 50–51

杨钟健 (Young C C). 1977. 关于山东临朐山旺的蛙类和翼手类 . 古脊椎动物学报 , 15(1): 76–80

杨钟健 (Young C C). 1978. 新疆晚三叠世脊椎动物群 . 中国科学院古脊椎动物与古人类研究所甲种专刊 , 13 号 : 60–67

杨钟健 (Young C C). 1979a. 河南济源一新晚二叠世动物群 . 古脊椎动物与古人类 , 17(2): 99–113

杨钟健 (Young C C). 1979b. 河北滦平县足印化石 . 古脊椎动物与古人类 , 17(2): 116–117

袁崇喜 (Yuan C X), 张鸿斌 (Zhang H B), 李明 (Li M), 季鑫鑫 (Ji X X). 2004. 内蒙古宁城道虎沟地区首次发现中侏罗世蝌蚪化石 . 地质学报 , 78(2): 145–148

张法奎 (Zhang F K), 李耀曾 (Li Y Z), 王训纲 (Wang X G). 1984. 新疆二叠纪西蒙螈类化石 . 古脊椎动物学报 , 22(3): 294–304

张桂林 (Zhang G L). 2008. 中国东北中生代一有尾两栖类 (*Chunerpeton tianyiensis*) 的形态学和个体发育研究 . 中国科学院研究生院硕士学位论文 . 1–62

张宏 (Zhang H), 柳小明 (Liu X M), 袁洪林 (Yuan H L), 胡兆初 (Hu Z C), 第五春荣 . 2006. 辽西凌源地区义县组下部层位的 U-Pb 测年及意义 . 地质论评 , 52(1): 63–71

张立军 (Zhang L J), 高克勤 (Gao K Q), 王丽霞 (Wang L X). 2004. 辽西义县组蝾螈类化石新发现 . 地质通报 , 23(8): 799–801

赵尔宓 (Zhao E M). 1988. 拉汉英两栖爬行动物名称 . 北京 : 科学出版社 . 1–329

AmphibiaWeb. 2012. Information on amphibian biology and conservation. [web application]. Berkeley, California: AmphibiaWeb. Available: http://amphibiaweb.org/. (Accessed: Apr 27, 2012)

Anderson J S, Reisz R R, Scott D, Fröbisch N B, Sumida S S. 2008. A stem batrachian from the Early Permian of Texas and the origin of frogs and salamanders. Nature, 453: 515–518. doi:10.1038/nature06865

Benton M J. 2005. Vertebrate Paleontology. 3rd edition. Malden: Blackwell Publishing. 1–255

Bien M N. 1934. On the fossil Pisces, Amphibia and Reptilia from Choukoutien localities 1 and 3. Palaeontologia Sinica, Series C, 10 (1): 1–32

Bolt J R. 1974. Armor of dissorophids (Amphibia: Labyrinthodontia): an examination of its taxonomic use and report of a new occurrence. Journal of Paleontology, 48(1): 135–14

Bolt J R. 1991. Lissamphbian Origins. In: Schultze H-P, Trueb L eds. Origins of the Higher Groups of Tetrapods: Controversy and Consensus. Ithaca: Cornell University Press. 194–222

Bossuyt F, Brown R M, Hillis D M, Cannatella D C, Milinkovitch M C. 2006. Phylogeny and biogeography of a cosmopolitan frog radiation: Late Cretaceous diversification resulted in continent-scale endemism in the Family Ranidae. Systematic Biololgy, 55(4): 579–594

Cannatella D C. 1985. A phylogeny of primitive frogs (Archaeobatrachians). Ph.D. dissertation. The University of Kansas. Lawrence, Kansas

Carroll R L. 1988. Vertebrate Paleontology and Evolution. New York: W. H. Freeman and Company. 1–698

Carroll R L. 2000a. Eocaecilia and the origin of caecilian. In: Heatwole H, Carroll R L eds. Amphibian Biology, Volume 4, Palaeontology: The Evolutionary History of Amphibians. Chipping Norton, New South Wales: Surrey Beatty and Sons. 1402–1411

Carroll R L. 2000b. The fossil record and large-scale patterns of amphibian evolution. In: Heatwole H, Carroll R L eds. Amphibian Biology. Volume 4, Palaeontology: The Evolutionary History of Amphibians. Chipping Norton, New South

Wales: Surrey Beatty and Sons. 973–978

Carroll R L. 2004. The importance of branchiosaurs in determining the ancestry of the modern amphibian orders. Neues Jahrbuch für Geologie und Paläontogie-Abhandlungen, 232: 157–180

Carroll R L. 2007. The Palaeozoic ancestry of salamanders, frogs and caecilians. Zoological Journal of Linnean Society, 150 (s1): 1–140

Carroll R L. 2009. The Rise of Amphibians: 365 Million Years of Evolution. The Johns Hopkins University Press. 1–360

Carroll R L, Currie P J. 1975. Microsaurs as possible apodan ancestors. Zoological Journal of Linnean Society, 57: 229–247

Carroll R L, Bossy K, Milner A, Andrews S M, Wellstead C. 1998. "Lepospondyli". In: Wellnhofer P ed. Handbuch der Paläoherpetologie, Volume I. Friedrich Pfeil, Verlag, 1–220

Clack J A. 2012. Gaining Ground: The Origin and Evolution of Tetrapods. Indiana University Press. 1–544

Creisler B. 2002. Adventures in etymology: *Oplosaurus*, *Mastodonsaurus*. http://dml.cmnh.org/2002Sep/msg00727.html

Damiani R J. 2001. A systematic revision and phylogenetic analysis of Triassic mastodonsauroids (Temnospondyli: Stereospondyli). Zoological Journal of the Linnean Society, 133(4): 379–482

Damiani R J. 2008. A giant skull of the temnospondyl *Xenotosuchus africanus* from the Middle Triassic of South Africa and its ontogenetic implications. Acta Palaeontologica Polonica, 53(1): 75–84

Damiani R J, Kitching J W. 2003. A new brachyopid temnospondyl from the *Cynognathus* Assemblage Zone, Upper Beaufort Group, South Africa. Journal of Vertebrate Paleontology, 23: 67–78

DeMar R. 1968. The Permian labyrinth amphibian *Dissorophus multicinctus*, and adaptions and phylogeny of the family Dissorophidae. Journal of Paleontology, 42(5): 1210–1242

Dong L P, Roček Z, Wang Y, Jones M E H. 2013. Anurans from the Lower Cretaceous Jehol Group of western Liaoning, China. PlosOne, 8(7): e69723. doi:10.1371/journal.pone.0069723

Duellman W E, Trueb L. 1986. Biology of Amphibians. 2nd edition. Baltimore, London: Johns Hopkins University Press. 1–670

Estes R. 1981. Gymnophiona, Caudata. In: Wellnhofer P ed. Encyclopedia of Paleoherpetology, Part 2. Stuttgart, New York: Gustav Fischer Verlag. 1–115

Evans S E, Milner A R. 1996. A metamorphosed salamander from the Early Cretaceous of Las Hoyas, Spain. Philosophical Transactions of the Royal Society of London B, 351: 627–646

Ford L S, Cannatella D C. 1993. The major clades of frogs. Herpetological Monograph, 7: 94–117

Frost D R. 2013. American Museum of Natural History, New York, USA. Amphibian Species of the World: an Online Reference. Version 5.6 (January 2013). Electronic Database accessible at http://research.amnh.org/herpetology/amphibia/index.html. American Museum of Natural History, New York, USA

Frost D R, Grant T, Faivovich J, Bain R H, Haas A, Haddad C F B, de Sá R O, Channing A, Wilkinson M, Donnellan S C, Raxworthy C J, Campbell J A, Blotto B L, Moler P E, Drewes R C, Nussbaum R A, Lynch J D, Green D M, Wheeler W C. 2006. The amphibian tree of life. Bulletin of the American Museum of Natural History, 297: 1–370

Gao K Q, Chen S H. 2004. A new frog (Amphibia: Anura) from the Lower Cretaceous of western Liaoning, China. Cretaceous Research, 25(5): 761–769

Gao K Q, Shubin N H. 2001. Late Jurassic salamanders from northern China. Nature, 410: 574–577

Gao K Q, Shubin N H. 2003. Earliest known crown-group salamanders. Nature, 422: 424–428

Gao K Q, Shubin N H. 2012. Late Jurassic salamandroid from western Liaoning, China. PNAS, www.pnas.org/cgi/doi/10.1073/pnas.1009828109

Gao K Q, Wang Y. 2001. Mesozoic anurans from Liaoning Province, China, and phylogenetic relationships of archaeobatrachian anuran clades. Journal of Vertebrate Paleontology, 21(3): 460–476

Gilbert S G. 1973. Pictorial Anatomy of the Necturus. Seattle and London: University of Washington Press. 1–47

Golubev V K. 1998a. Revision of the Late Permian chroniosuchians (Amphibia, Anthracosauromorpha) from eastern Europe. Paleontological Journal, 32(4): 390–401

Golubev V K. 1998b. Narrow-armored chroniosuchians (Amphibia, Anthracosauromorpha) from the Late Permian of eastern Europe. Paleontologcheskii Zhurnal, 32(3): 278–287

Gubin Y M. 1980. New dissorophids from the Permian of Cis-Urals. Paleontologicheskii Zburnal, (4): 82–90

Haeckel E. 1866. Generelle Morphologie der Organismen. I, Allgemeine Anatomie der Organismen. Berlin: Georg Reimer. 1–574

Holmes R. 2000. Palaeozoic temnospondyls. In: Heatwole H, Carroll R L eds. Amphibian Biology, Volume 4, Palaeontology: The Evolutionary History of Amphibians. Chipping Norton, New South Wales: Surrey Beatty and Sons. 1081–1120

Hunt A P, Lucas S G. 2005. Tetrapod ichnofacies and their utility in the Paleozoic. In: Buta R J, Rindsberg A K, Kopaska-Merkel D C eds. Pennsylvanian Footprints in the Black Warrior Basin of Alabama. 1. Alabama Paleontological Society. 113–119

Ivakhnenko M F. 1987. Permian parareptiles of USSR. Nauka, Trudy paleontologicheskovo Instituta AN, 223: 1–160

Kalandadze N N, Ochev V G, Tatarinov L P, Chudinov P K, Shishkin M A. 1968. Katalog permskikh i triasovykh tetrapod SSSR. In: Akademiya Nauk SSSR ed. Verkhnepaleozoyskiye i mesozoskiyezemnovodnyye i presmykayushchiyesya SSSR (Upper Paleozoic and Mesozoic amphibians and reptiles of the USSR). Otdeleniye Obshehey Biologil. 72–91

Kamphausen D, Morales M. 1981. *Eocyclotosaurus lehmani*, a new conbination for *Stenotosaurus lehmani* Heyer, 1969 (Amphibia). Neues Jahrbuch für Geologie und Paläontologie, Monatshefte, 1981: 651–656

Laurin M. 1998a. The importance of global parsimony and historical bias in understanding tetrapod evolution. Part I. Systematics, middle ear evolution and jaw suspension. Annales des Sciences Naturelles, 1: 1–42

Laurin M. 1998b. Seymouriamorpha. Version 15 January 1998. http://tolweb.org/Seymouriamorpha/15005/1998.01.15. In: The Tree of Life Web Project, http://tolweb.org/

Laurin M. 2000. Travaux récents sur l'évolution et la paléoécologie des stégocéphales. Bulletin de la Société Herpétologique de France, 96(4): 25–37

Laurin M. 2011. Terrestrial Vertebrates. Stegocephalians: Tetrapods and other digit-bearing vertebrates. Version 21 April 2011. http://tolweb.org/Terrestrial_Vertebrates/14952/2011.04.21. In: The Tree of Life Web Project, http://tolweb.org/

Laurin M, Soler-Gijon R. 2006. The oldest known stegocephalian (Sarcopterygii: Temnospondyli) from Spain. Journal of Vertebrate Paleontology, 16(2): 184–199

Li J L, Wu X C, Zhang F C. 2008. The Chinese Fossil Reptiles and Their Kin. 2nd edition. Beijing: Science Press. 1–473

Linnaeus C. 1758. Systema naturae per regna tria naturae, secundum classes, ordines, genera, species, cum characteribus, differentiis, synonymis, locis. 10th edition. Holmae: Laurentii Salvii. 1–824

Liu J, Wang Y. 2005. The first complete mastodonsauroid skull from the Triassic of China: *Yuanansuchus laticeps* gen. et sp. nov. Journal of Vertebrate Paleontology, 25(3): 725–728

Lu J, Zhu M, Long J A, Zhao W, Senden T J, Jia L T, Qiao T. 2012 The earliest known stem-tetrapod from the Lower Devonian of China. Nature Communication, 3: 1160

Luo Z X, Wu X C. 1994. The small tetrapods of the Lower Lufeng Formation, Yunnan, China. In: Frader N C, Sues H-D eds. In the Shadow of Dinosaurs. Cambridge: Cambridge University Press. 251–270

Lynch J D. 1971. Evolutionary relationships, osteology, and zoogeography of leptodactyloid frogs. Lawrence, Kansas: The

Univeristy of Kansas Press. 1–238

Maisch M W, Matzke A T. 2005. Temnospondyl amphibians from the Jurassic of the Southern Junggar Basin (NW China). Paläontologische Zeitschrift, 79(2): 285–301

Maisch M W, Matzke A T, Sun G. 2004. A relict trematosauroid (Amphibia: Temnospondyli) from the Middle Jurassic of the Junggar Basin (NW China). Naturwissenschaften, 92(1): 67–72

Marjanovi D, Laurin M. 2009. The Origin(s) of Modern Amphibians: A Commentary. Evolutionary Biology, 36: 336–338

Martín C, Sanchiz B. 2012. Lisanfos KMS. Version 1.2. Online reference accessible at http://www.lisanfos.mncn.csic.es/. Museo Nacional de Ciencias Naturales, MNCN-CSIC. Madrid, Spain

Milner A R. 2000. Mesozoic and Tertiary Caudata and Albanerpetontidae. In: Heatwole H, Carroll R L eds. Amphibian Biology. Volume 4, Palaeontology: The Evolutionary History of Amphibians. Chipping Norton, New South Wales: Surrey Beatty and Sons. 1412–1444

Moser M, Schoch R. 2007. Revision of the type material and nomenclature of *Mastodonsaurus giganteus* (Jaeger) (Temnospondyli) from the Middle Triassic of Germany. Palaeontology, 50(Part 5): 1245–1266

Nied wiedzki G, Szrek P, Narkiewicz K, Narkiewicz M, Ahlberg P E. 2010. Tetrapod trackways from the early Middle Devonian period of Poland. Nature, 463: 43–47

Noble G K. 1924. A new spadefoot toad from the Oligocene of Mongolia with a summary of the evolution of the Pelobatidae. American Museum Novitates, 132: 1–15

Pierce S E, Clack J A, Hutchinson J R. 2012. Three-dimensional limb joint mobility in the early tetrapod *Ichthyostega*. Nature. doi:10.1038/nature11124

Pough F H, Janis C M, Heiser J B. 2009. Vertebrate Life. 8th edition. San Francisco: Benjamin Cummings Publishing Company. 1–688

Rage J C. 2003. Oldest Bufonidae (Amphibia, Anura) from the Old World: a bufonid from the Paleocene of France. Journal of Vertebrate Paleontology, 23: 462–463

Rage J C, Roček Z. 2003. Evolution of anuran assemblages in the Tertiary and Quaternary of Europe, in the context of palaeoclimate and palaeogeography. Amphibia-Reptilia, 24: 133–167

Roček Z. 1982. *Macropelobates osborni* Noble, 1924 redescription and reassignment. Acta Universitatis Corolinae — Geologica, Polorny, 4: 421–438

Roček Z, Rage J-C. 2000a. Proanuran states (*Triadobatrachus*, *Czatkobatrachus*). In: Heatwole H, Carroll R L eds. Amphibian Biology. Volume 4, Palaeontology. Chipping Norton, New South Wales: Surrey Beatty and Sons. 1283–1294

Roček Z, Rage J-C. 2000b. Tertiary Anura of Europe, Africa, Asia, North America, and Australia. In: Heatwole H, Carroll R L eds. Amphibian Biology. Volume 4. Palaeontology: The Evolutionary History of Amphibians. Chipping Norton, New South Wales: Surrey Beatty and Sons. 1332–1387

Roček Z, Dong L P, Přikryl T, Sun C K, Tan J, Wang Y. 2011. Fossil frogs (Anura) from Shanwang (Middle Miocene; Shandong Province, China). Geobios, 44: 499–518

Roček Z, Wang Y, Dong L. 2012. Post-metamorphic development of Early Cretaceous frogs as a tool for taxonomic comparisons. Journal of Vertebrate Paleontology, 32(6): 1285–1292

Romer A S. 1945. Vertebrate Paleontology. 2nd edition. Chicago: Chicago Press

Romer A S. 1947. Review of the Labyrinthodontia. Bulletin of the Museum of Comparative Zoology, 99(1): 1–368

Romer A S. 1966. Vertebrate Paleontology. 3rd edition. Chicago: Chicago Press. 1–468

Ruta M, Coates M I. 2007. Dates, nodes and character conflict: Addressing the lissamphibian origin problem. Journal Systematic Palaeontololy, 5: 69–122

Ruta M, Coates M I, Quicke D L. 2003. Early tetrapod relationships revisited. Biological Reviews, 78: 251–345

San Mauro D. 2010. A multilocus timescale for the origin of extant amphibians. Molecular Phylogenetics and Evolution, 56: 554–561. doi:10.1016/j.ympev.2010.04.019

Sanchiz B. 1998. Salientia. In: Wellnhofer P ed. Encyclopedia of Paleoherpetology. Part 4. München: Verlag Dr. Friedrich Pfeil. 1–275

Scheuchzer J J. 2010. Homo Diluvii Testis et Theoskopos Publicae Suksitisi Expositus (1726). Whitefish: Kessinger Publishing. 1–28

Schlosser M. 1924. Tertiary vertebrates from Mongolia collected by Dr. Andersson. Palaeontologia Sinica, Series C, 1(1): 1–119

Schoch R R. 2000. The origin and intrarelationships of capitosaurid amphibians. Palaeontology, 43: 1–23

Schoch R R. 2008. The Capitosauria (Amphibia): characters, phylogeny, and stratigraphy. Palaeodiversity, I: 189–226

Schoch R R, Milner A R. 2000. Stereospondyl. In: Wellnhofer P ed. Handbuch der Paläoherpetologie 3B. Munich: Verlag Dr. Friedrich Pfeil. 1–203

Shishkin M A. 1991. A labyrinthodont from the late Jurassic of Mongolia. Paleontological Journal, 1991: 78–91

Sigurdsen T, Green D M. 2011. The origin of modern amphibians: a re-evaluation. Zoological Journal of the Linnean Society, 162 (2): 457–469

Steyer J S, Damiani R. 2005. A giant brachyopoid temnospondyl from the Upper Triassic or Lower Jurassic of Lesotho. Bulletin de la Societe Geologique de France, 176(3): 243–248

Steyer J S, Laurin M. 2009. Temnospondyli. Version 04 April 2009. http://tolweb.org/Temnospondyli/15009/2009.04.04 in The Tree of Life Web Project, http://tolweb.org/

Stratton C. 2007. “Ancient Amphibians Left Full-Body Imprints”. GSA Newsroom. The Geological Society of America. http://www.geosociety.org/news/pr/07-60.htm. (29 October 2007)

Sulej T. 2007. Osteology, variability, and evolution of Metoposaurus, a temnospondyl from the Late Triassic of Poland. Palaeontologia Polonica, 64: 29–139

Sullivan C, Wang Y, Hone D W E, Wang Y Q, Xu X, Zhang F C. in press. The vertebrates of the Jurassic Daohugou Biota of northeastern China. Journal of Vertebrate Paleontology

Sun A L, Li J L, Ye X K, Dong Z M, Hou L H. 1992. The Chinese Fossil Reptiles and Their Kins. Beijing: Science Press. 1–260

Swisher III C C, Wang Y Q, Wang X L, Xu X, Wang Y. 1999. Cretaceous age for the feathered dinosaurs of Liaoning, China. Nature, 400: 58–61

Trueb L, Cloutier R. 1991. A phylogeneic investigation of the inter and intrarelationships of the Lissamphbia (Amphbia: Temnospondyli). In: Schultze H P, Trueb L eds. Origins of the Higher Groups of Tetrapods: Controversy and Consensus. Ithaca: Cornell University Press. 223–316

.Wang X, McKenna M, Dashzeveg D. 2005. *Amphicticeps* and *Amphicynodon* (Arctoidea, Carnivora) from Hsanda Gol Formation. Central Mongolia and phylogeny of basal arctoids with comments on zoogeography. American Museum Novitates, 3483: 1–57

Wang Y. 2001. Advance in the study of Mesozoic lissamphibians from China. In: Deng T, Wang Y eds. Proceedings of the Eighth Annual Meeting of the Chinese Society of Vertebrate Paleontology. Beijing: China Ocean Press. 9–19 (in English with Chinese abstract)

Wang Y. 2004a. A new Mesozoic caudate (*Liaoxitriton daohugouensis* sp. nov.) from Inner Mongolia, China. Chinese Science

Bulletin, 49(8): 858–860

Wang Y. 2004b. Taxonomy and stratigraphy of late Mesozoic anurans and urodeles from China. Acta Geologica Sinica, 78(6): 1169–1178

Wang Y. 2006. Phylogeny and early radiation of Mesozoic lissamphibians from East Asia. In: Rong J Y, Fang Z J, Zhou Z H, Zhan R B, Wang X D, Yuan X L eds. Originations, Radiations and Biodiversity Changes—Evidence from the Chinese Fossil Record. Beijing: Science Press. 931–936

Wang Y, Evans S E. 2006a. Advances in the study of fossil amphibians and squamates from China: The past fifteen years. Vertebrata PalAsiatica, 44(1): 60–73

Wang Y, Evans S E. 2006b. A new short-bodied salamander from the Upper Jurassic/Lower Cretaceous of China. Acta Palaeontologica Polonica, 51(1): 127–130

Wang Y, Gao K Q. 2003. Amphibians. In: Chang M M, Chen P J, Wang Y Q, Wang Y eds. The Jehol Biota: The Emergence of Feathered Dinosaurs, Beaked Birds and Flowering Plants. Shanghai: Shanghai Scientific & Technical Publishers. 76–85

Wang Y, Rose C S. 2005. *Jeholotriton paradoxus* (Amphibia: Caudata) from the Lower Cretaceous of southeastern Inner Mongolia, China. Journal of Vertebrate Paleontology, 25(3): 523–532

Wang Y, Gao K Q, Xu X. 2000. Early evolution of discoglossid frogs: new evidence from the Mesozoic of China. Naturwissenschaften, 87(9): 417–420

Wang Y, Jones M E H, Evans S E. 2007. A juvenile anuran from the Lower Cretaceous Jiufotang Formation, Liaoning, China. Cretaceous Research, 28(2): 235–244

Wang Y, Zhang G L, Sun A L. 2008. Amphibia. In: Li J L, Wu X C, Zhang F C eds. The Chinese Fossil Reptiles and Their Kin. Beijing: Science Press. 3–25

Wiens J J, Bonett R M, Chippindale P T. 2006. Ontogeny discombobulates phylogeny: paedomorphosis and higher-level salamander relationships. Systematic Biology, 54: 91–110

Witzmann F, Schoch R R, Maisch M W. 2008. A relict basal tetrapod from Germany: first evidence of a Triassic chroniosuchian outside Russia. Naturwissenschaften, 95: 67–72

Young C C. 1936. A Miocene fossil frog from Shantung. Bulletin of the Geological Society of China, 15: 189–193

Yu X B, Zhu M, Zhao W. 2010. The origin and diversification of osteichthyans and sarcopterygians: rare Chinese fossil findings advance research on key issues of evolution. Bulletin of the Chinese Academy of Sciences, 24(2): 71–75

Zhang G L, Wang Y, Jones M, Evans S E. 2009. A new Early Cretaceous salamander (*Regalerpeton weichangensis* gen. et sp. nov.) from the Huajiying Formation of northeastern China. Cretaceous Research, 30(3): 551–558

Zhang P, Wake M H. 2009. Higher-level salamander relationships and divergence dates inferred from complete mitochondrial genomes. Molecular Phylogenetics and Evolution, 53: 492–508

Zhou Z. 2006. Evolutionary radiation of the Jehol Biota: chronological and ecological perspectives. Geological Journal, 41: 377–393

Zhou Z, Jin F, Wang Y. 2010. Vertebrate assemblages from the Middle-Late Jurassic Yanliao Biota in Northeast China. Earth Science Fronter, 17(Special Issue): 252–254

Zhou Z H, Wang Y. 2010. Vertebrate diversity of the Jehol Biota as compared with other lagerstätten. Science in China Series D: Earth Sciences, 53: 1894–1907

Zhu M, Ahlberg P E. 2004. The origin of the internal nostril of tetrapods. Nature, 432: 94–97

Zhu M, Ahlberg P E, Zhao W J, Jia L T. 2002. First Devonian Tetrapod from Asia. Nature, 420: 760–761

汉-拉学名索引

Q

R

S

T

W

X

Y

Z

拉-汉学名索引

M

P

R

S

T

U

Y

附表一　中国化石两栖类的时代与层位

代	纪	世	地层单位	化石地点	分　类
新生代	第四纪	中更新世		北京房山北京猿人遗址第三地点	*Bufo gargarizans*, *Pseudepidalea raddei*, *Rana asiatica*, *Pelophylax nigromaculatus*
	第四纪	中更新世		北京房山北京猿人遗址第一地点	*Bufo gargarizans*, *Pseudepidalea raddei*
	新近纪	上新世		山西武乡张村小南沟	*Rana yushensis*
	新近纪	中新世晚期 / 上新世早期		内蒙古化德二登图	*Rana hipparionum*?, *Triturus*? sp.
	新近纪	中新世	山旺组	山东临朐山旺	*Macropelobates linquensis*, *Bufo shandongensis*, *Rana basaltica*?, *Rana* indet., *Procynops*? *miocenicus*
中生代	白垩纪	早白垩世	九佛堂组	辽宁义县西二虎桥	Anura gen. et sp. indet.
	白垩纪	早白垩世	义县组 / 九佛堂组	辽宁葫芦岛新台门水口子	*Liaoxitriton zhongjiani*
	白垩纪	早白垩世	义县组大王杖子层	辽宁义县河夹心村、王家沟	*Liaobatrachus macilentus*
	白垩纪	早白垩世	义县组尖山沟层	辽宁北票黑蹄子沟、黄半吉沟	*Liaobatrachus beipiaoensis*
	白垩纪	早白垩世	义县组尖山沟层	辽宁北票四合屯	*Liaobatrachus grabaui*, *Liaobatrachus beipiaoensis*
	白垩纪	早白垩世	义县组陆家屯层	辽宁北票陆家屯、前燕子沟	*Liaobatrachus zhaoi*
	白垩纪	早白垩世	花吉营组（与义县组相当）	河北围场道坝子梁	*Regalerpeton weichangensis*
	白垩纪	早白垩世	大店子组 / 西瓜园组	河北丰宁凤山炮仗沟	*Laccotriton subsolanus*, *Sinerpeton*? *fengshanensis*
	白垩纪	早白垩世	大店子组	河北滦平	Urodela gen. et sp. indet.
	侏罗纪	晚侏罗世	石树沟组	新疆准噶尔盆地克拉玛依	Brachyopoidea? gen. et sp. indet.
	侏罗纪	中 / 晚侏罗世	道虎沟化石层（有人用九龙山组、髫髻山组、蓝旗组等不同的名称）	辽宁建昌玲珑塔大西山、河北青龙兴隆台子八王沟、河北青龙南石门转山子	*Chunerpeton tianyiensis*

续表

代	纪	世	地层单位	化石地点	分　类
中生代	侏罗纪	中 / 晚侏罗世	道虎沟化石层（有人用九龙山组、髫髻山组、蓝旗组等不同的名称）	内蒙古宁城道虎沟	*Chunerpeton tianyiensis*, *Jeholotriton paradoxus*, *Liaoxitriton daohugouensis*
	侏罗纪	中 / 晚侏罗世	道虎沟化石层（有人用九龙山组、髫髻山组、蓝旗组等不同的名称）	辽宁建平木营子棺材山	*Beiyanerpeton jianpingensis*, *Chunerpeton tianyiensis*
	侏罗纪	中 / 晚侏罗世	道虎沟化石层（有人用九龙山组、髫髻山组、蓝旗组等不同的名称）	辽宁凌源无白丁	*Chunerpeton tianyiensis*, *Pangerpeton sinensis*
	侏罗纪	? 中 - 晚侏罗世	头屯河组	新疆准噶尔盆地南部	*Gobiops desertus*
	侏罗纪	中侏罗世	下沙溪庙组	四川自贡大山铺	*Sinobrachyops placenticephalus*
	侏罗纪	中侏罗世	五彩湾组	新疆准噶尔盆地克拉玛依地区	Brachyopoidea? gen. et sp. indet.
	侏罗纪	早侏罗世	禄丰组	云南禄丰黑果坪	Mastodonsauroidea gen. et sp. indet.
	三叠纪	晚三叠世	黄山街组	新疆阜康泉水沟	*Bogdania*? *fragmenta*
	三叠纪	中三叠世	克拉玛依组	新疆吐鲁番盆地桃树园子	*Parotosuchus turfanensis*?
	三叠纪	中三叠世	巴东组	湖北远安茅坪场	*Yuanansuchus laticeps*
	三叠纪	中三叠世		山西武乡	Mastodonsauroidea gen. et sp. indet.
	三叠纪	早三叠世	和尚沟组	山西府谷	Mastodonsauroidea gen. et sp. indet.
	三叠纪	早三叠世	韭菜园组	新疆吉木萨尔	Mastodonsauroidea gen. et sp. indet.
古生代	二叠纪	晚二叠世	芦草沟组	新疆乌鲁木齐市六道湾	*Urumqia liudaowanensis*
	二叠纪	晚二叠世	上石盒子组	河南济源大峪槐圪塔岭	*Bystrowiana sinica*?, ‘Temnospondyli’ gen. et sp. indet.
	二叠纪	中二叠世	青山头组	甘肃玉门大山口	*Anakamacops petrolicus*, *Ingentidens corridoricus*, *Phratochronis qilianensis*
	泥盆纪	晚泥盆世	中宁组	宁夏中宁	*Sinostega pani*

附图一　中国两栖类化石点分布图

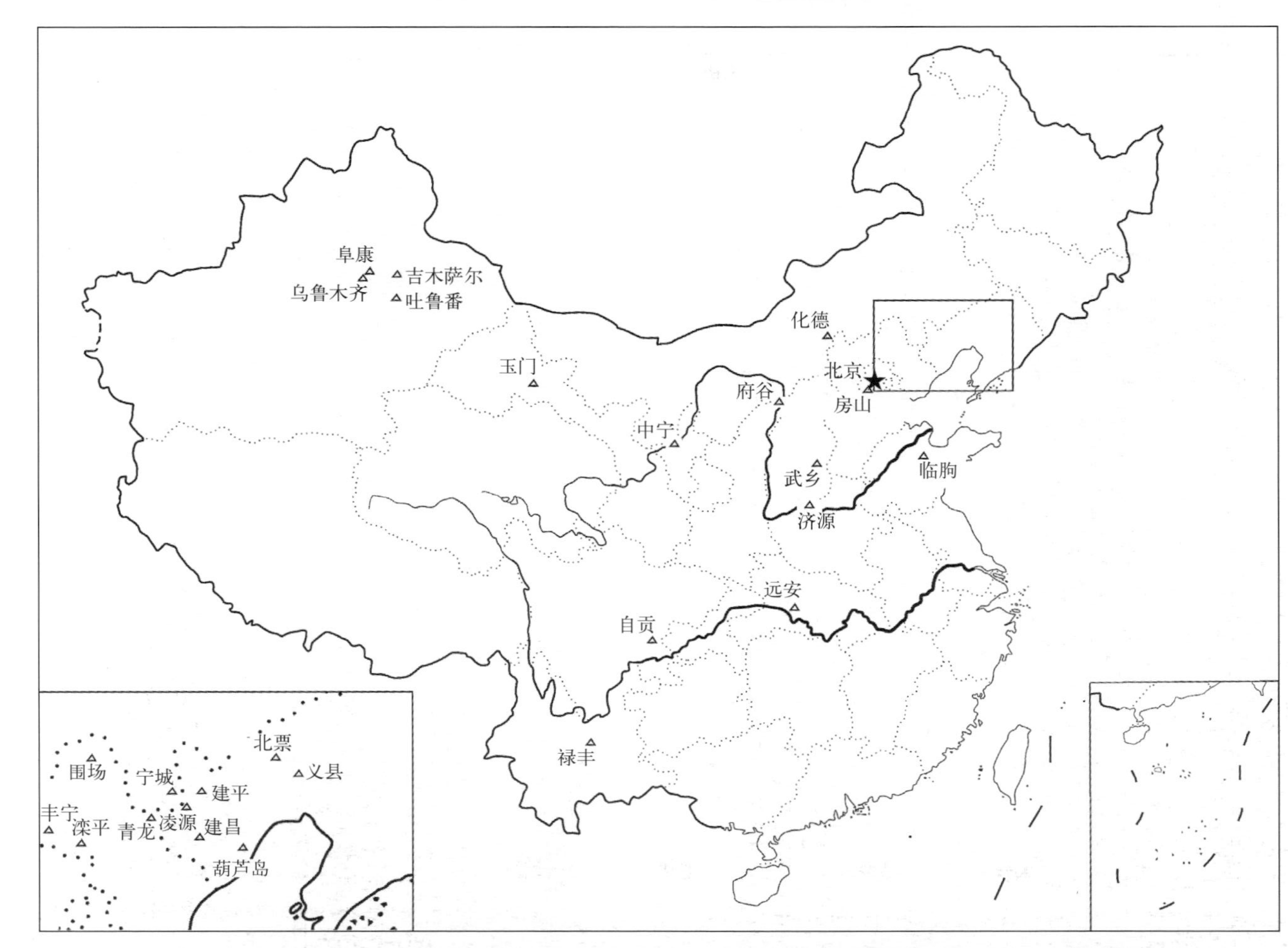

中国“两栖类”（在本书中为“非羊膜类四足动物”）化石的主要产地，标至化石产地所属的县或市级名称

附表二　两栖类专业术语中英 / 中拉名称对照

（按中文的拼音排序）

分类学词汇

阿尔班螈类 albanerpetontids

埃尔金螈属 *Elginerpeton*

奥林螈科 Rhyacotritonidae

奥林螈类 rhyacotritonids

奥氏螈属 *Obruchevichthys*

巴蟾属 *Barbourula*

白垩蟾属 *Cretasalia*

版纳鱼螈 *Ichthyophis bannanica*

保留指数 retention index

北鲵属 *Ranodon*

北票鲟属 *Peipiaosteus*

北票中蟾 *Mesophryne beipiaoensis*

北燕螈属 *Beiyanerpeton*

毕氏螈科 *Bystrowianidae*

毕氏螈属 *Bystrowiana*

变凹型亚目 Anomocoela

变额螈属 *Metaxygnathus*

并系类群 paraphyletic group

波兰查特克蟾 *Czatkobatrachus polonicus*

博格达鲵属? *Bogdania*?

不提供信息的性状 uninformative characters

参差型亚目 Diplasiocoela

侧褶蛙属 *Pelophylax*

查特克蟾属 *Czatkobatrachus*

蟾蜍科 Bufonidae

蟾蜍类 bufonids

蟾蜍属 *Bufo*

产婆蟾 *Alytes obstetricans*

产婆蟾科 Alytidae（原称盘舌蟾科）

产婆蟾类 alytines

产婆蟾属 *Alytes*

产婆蟾亚科 Alytinae

长脸螈属 *Eryops*

迟滞鳄科 Chroniosuchidae

迟滞鳄类 chroniosuchids

齿蟾属 *Oreolalax*

齿突蟾属 *Scutiger*

弛顶螈目 Order Lysorophia

重新标尺的一致性指数 rescaled consistency index

臭蛙属 *Odorrana*

初螈属 *Chunerpeton*

锄足蟾超科 Pelobatoidea

锄足蟾超科类 pelobatoids

锄足蟾科 Pelobatidae

锄足蟾类 pelobatids

锄足蟾属 *Pelobates*

锄足蟾亚科 Pelobatinae

粗皮蛙属 *Rugosa*

大锄足蟾属 *Macropelobates*

大理石螈属 *Marmorerpeton*

大连蟾属 *Dalianbatrachus*

大鲵 *Andrias davidianus*

大鲵属 *Andrias*

大头龙科 Capitosauridae

大头鲵超科类 capitosauroids

大头鲵类 capitosaurs

大头鲵属 *Capitosaurus*

大头蛙属 *Limnonectes*

单系 monophyly

单系分支 monophyletic clade

单系类群 monophyletic group

底栖鲵类 benthosuchids

定义 definition

东方铃蟾 *Bombina orientalis*

东生鱼属 *Tungsenia*
洞螈科 Proteidae
短额鲵科 Metoposauridae
短头蟾科 Brachycephalidae
短头蟾类 brachycephalids
短头鲵超科 Brachyopoidea
短头鲵科 Brachyopidae
短腿蟾属 *Brachytarsophrys*
钝口螈科 Ambystomatidae
钝口螈类 ambystomatids
多洞鲵超科类 trematosauroids
多洞鲵类 trematosaurids（也有译为“迷齿螈类”），trematosaurs
多系类群 polyphyletic group
多状态分类单元 multistate taxa
耳曲鲵属 *Parotosuchus*
二分支 dichotomy
非羊膜类四足动物 anamniotic tetrapod
非洲巨蛙 *Conraua goliath*
非洲爪蟾 *Xenopus laevis*
肥鲵属 *Pachyhynobius*
肺鱼属 *Protopterus*
分类 classification
分类单元 taxon
分支 clade
分支系统学 Cladistic Systematics
分支学 Cladistics
跗蛙科 Centrolenidae
跗蛙类 centrolenids
跗蛙属 *Centrolene*
芙蓉龙属 *Lotosaurus*
负子蟾超科 Pipoidea
负子蟾科 Pipidae
负子蟾类 pipids
负子蟾属 *Pipa*
干群跳行超目类 stem salientians
戈壁蟾科 Gobiatidae
戈壁蟾类 gobiatines
戈壁蟾属 *Gobiates*
戈壁蟾亚科 Gobiatinae
戈壁短头鲵属 *Gobiops*
弓椎亚纲 Apsidospondyli
共有衍征 synapomorphy
古蟾科 Palaeobatrachidae
古蟾类 palaeobatrachids
古蟾属 *Palaeobatrachus*
古蛙类 archaeobatrachians
古蛙亚目 Archaeobatrachia
骨鳞鱼属 *Osteolepis*
冠类群 crown group
冠群四足类 crown group tetrapods
国际动物命名法规 International Code of Zoological Nomenclature（简称 ICZN）
海勒鲵科 Heylerosauridae
海纳螈属 *Hynerpeton*
旱掘蟾属 *Spea*
合跗蟾科 Pelodytidae
合跗蟾类 pelodytids
合跗蟾属 *Pelodytes*
合意树 consensus tree
后凹型亚目 Opisthocoela
厚颌螈属 *Densignathus*
厚蝌蚪螈属 *Crassigyrinus*
虎纹蛙属 *Hoplobatrachus*
滑体两栖类 lissamphibians
滑体两栖亚纲 Lissamphibia
滑蹠蟾科 Leiopelmatidae
滑蹠蟾类 leiopelmatids
滑蹠蟾属 *Leiopelma*
皇家螈属 *Regalerpeton*
姬蛙科 Microhylidae
基于干支 stem-based
基于节点 node-based
基于近裔性状 apomorphy-based
极北鲵属 *Salamandrella*
棘石螈属 *Acanthostega*
棘蛙属 *Paa*
棘螈属 *Echinotriton*

角蟾科 Megophryidae
角蟾类 megophrines
角蟾属 *Megophrys*
角蟾亚科 Megophryinae
孑遗螈属 *Superstogyrinus*
姐妹群 sister group
巨陆螈科 Dicamptodontidae
具鳍四足类 finned tetrapods
锯齿螈属 *Prionosuchus*
掘足蟾科 Scaphiopodidae（又称北美锄足蟾科）
掘足蟾属 *Scaphiopus*
卡拉螈属 *Karaurus*
柯卡特螈属 *Kokartus*
壳椎亚纲 Lepostondyli
可德拉龙科 Kotlassidae
肯氏鱼属 *Kenichthys*
库尔鲵属 *Koolasuchus*
块椎目 Rhachitomi
宽额鲵科 Metoposauridae（也有译为“短额鲵科”）
宽额鲵类 metoposaurids
阔齿龙科 Diadectidae
阔头鲵类 plagiosaurs
阔头鲵亚目 Plagiosauria
拉蒂迈鱼属 *Latimeria*
狼鳍鱼属 *Lycoptera*
“离片椎目”‘Temnospondyli’
丽蟾属 *Callobatrachus*
利沃尼亚螈属 *Livoniana*
两栖动物 amphibians
两栖纲 Amphibia
两栖类 amphibians
两栖鲵科 Amphiumidae
辽蟾属 *Liaobatrachus*
辽西螈属 *Liaoxitriton*
裂螈亚目 Schizomeri
林蛙属 *Rana*
鳞鲵目 Microsauria
铃蟾科 Bombinatoridae
铃蟾类 bombinatorines
铃蟾亚科 Bombinatorinae
陆巨螈类 dicamptodontids
陆蛙属 *Fejervarya*
鳗螈科 Sirenidae
鳗螈类 sirenids
满洲鳄属 *Monjurosuchus*
美西螈 *Ambystoma mexicanum*
迷齿超目 Labyrinthodontia
迷齿亚纲 Labyrinthodontia
南蟾科 Notobatrachidae [赵尔宓等（1998）译为“侏罗南蛙科”]
南蟾属 *Notobatrachus* [赵尔宓等（1998）译为“侏罗南蛙属”]
泥鳗属 *Lepidosiren*
拟角蟾属 *Ophryophryne*
拟小鲵属 *Pseudohynobius*
拟髭蟾属 *Leptobrachium*
欧螈属 *Triturus*
爬行型纲 Reptiliomorpha
爬行型类 reptiliomorphs
潘氏鱼属 *Panderichthys*
盘舌蟾超科 Discoglossoidea
盘舌蟾科 Discoglossidae
盘舌蟾类 discoglossids
盘舌蟾属 *Discoglossus*
盘舌蟾亚科 Discoglossinae
胖螈属 *Pangerpeton*
前凹型亚目 Procoela
前跳蟾属 *Prosalirus*
趋同 homoplasy
全椎类 stereospondyls
全椎目 Stereospondyli
缺肢目 Aistopoda
热河兽 *Jeholodens*
热河螈属 *Jeholotriton*
人尸鲵属 *Andrias*
蝾螈科 Salamandridae
蝾螈类 salamandrids
乳齿鲵超科 Mastodonsauroidea

乳齿鲵超科类 mastodonsauroids
乳齿鲵科 Mastodonsauridae
乳齿鲵类 mastodonsauroids
乳齿鲵属 *Mastodonsaurus*
鳃龙类 branchiosaurs
三叠蟾属 *Triadobatrachus*
三趾马属 *Hipparion*
山溪鲵属 *Batrachuperus*
舌突蛙属 *Liurana*
石炭蜥类 anthracosaurs
石炭蜥目 Anthracosauria（又称“石炭螈目”）
石炭蜥型亚目 Anthracosauromorpha
食蟹蛙 *Fejervarya cancrivora*
始锄足蟾亚科 Eopelobatinae
始盘舌蟾属 *Eodiscoglossus*
始无尾目 Eoanura
曙蚓螈属 *Eocaecilia*
树蛙科 Rhacophoridae
双顶螈超科 Dissorophoidea
双顶螈科 Dissorophidae
双椎螈亚目 Diplomeri
水龙兽属 *Lystrosaurus*
水蛙属 *Hylarana*
四足大纲 Tetrapoda
四足型动物 Tetrapodomorpha
似卡玛螈属 *Anakamacops*
泰齿螈属 *Ingentidens*
塘螈属 *Laccotriton*
特有种 endemic species
特征编码 character coding
提克塔里克鱼属 *Tiktaalik*
跳行超目 Salientia
跳行类 salientians
图拉螈属 *Tulerpeton*
蛙科 Ranidae
蛙类 ranids
蛙属 *Rana*
蛙型纲 Batrachomorpha
蛙形类 batrachians
瓦尔多螈 Valdotriton
外类群分析 out-group comparison
维尔蟾属 Vieraella［赵尔宓等（1998）译为“维尔蛙属”］
伪黄条背蟾蜍属 *Pseudepidalea*
尾蟾属 *Ascaphus*
文塔螈属 *Ventastega*
倭蛙属 *Nanorana*
乌拉尔螈 *Uralerpeton*
乌鲁木齐鲵属 *Urumqia*
无肺螈科 Plethodontidae
无肺螈类 plethodontids
无尾类 anurans
无尾类基群 basal anurans
无足目（蚓螈目）Apoda (Gymnophiona)
西蒙龙型类 seymouriamorphs
西蒙龙型目、西蒙龙型亚目 Seymouriamorpha
溪蟾属 *Torrentophryne*
细趾蟾科 Leptodactylidae
腺蛙属 *Glandirana*
小蟾属 *Parapelophryne*
小鲵科 Hynobiidae
小鲵类 hynobiids
小鲵属 *Hynobius*
小岩蛙属 *Micrixalus*
小肢鲵属 *Microbrachis*
楔椎目 / 楔椎亚目 Embolomeri（又称始椎目 / 始椎亚目）
新角齿鱼属 *Neoceratodus*
新蛙类 neobatrachians
新蛙亚目 Neobatrachia
性状 character
性状状态 character state
兄弟迟滞螈属 *Phratochronis*
血缘关系 kinship
雅氏螈属 *Jakubsonia*
严格合意树 strict consensus tree
演化系统学 Evolutionary Systematics
羊膜超纲 Amniota

一致性指数 consistency index
宜州蟾属 *Yizhoubatrachus*
异舌蟾科 Rhinophrynidae
异舌蟾类 rhinophrynids
异舌蟾属 *Rhinophrynus*
异螈目 Allocaudata
隐鳃鲵科 Cryptobranchidae
隐鳃鲵类 cryptobranchids
隐鳃鲵型动物 Cyrptobranchiformes
英格蟾蜍属 *Ingerophrynus*
游舌螈亚科 Bolitoglossinae
游螈目 Nectridea
有颌类脊椎动物 gnathostome vertebrates
有尾超目 Caudata
有尾超目类 caudates（即广义的“有尾类”）
有尾类 urodeles（即狭义的“有尾类”）
有尾类基群 basal caudates
有尾目 Urodela
幼态持续种类 neotene
于默螈属 *Ymeria*
鱼石螈目 Ichthyostegalia
鱼石螈属 *Ichthyostega*
雨蛙科 Hylidae
原鲵属 *Protohynobius*
原无尾类 proanurans
原无尾目 Proanura
原螈属 *Procynops*
远安鲵属 *Yuanansuchus*
凿齿螈属 *Celtedens*
掌突蟾属 *Paramegophrys*
蔗蟾 *Bufo marinus*
真掌鳍鱼属 *Eusthenopteron*
趾沟蛙属 *Pseudorana*
中蟾属 *Mesophryne*
中国短头鲵属 *Sinobrachyops*
中国螈属 *Sinostega*
中华螈属 *Sinerpeton*
中蛙类 mesobatrachians
中蛙亚目 Mesobatrachia
种系发生分类学 Phylogentic Taxonomy
种系发生树 phylogenetic tree
种系发生系统学 Phylogenetic Systematics
爪蟾属 *Xenopus*
爪鲵属 *Onychodactylus*
髭蟾属 *Vibrissaphora*
自有衍征 autapomorphy
综合系统学 Synthetic Systematics

解剖学和形态学词汇

Y 元素骨 element Y
棒骨（又称“案骨”、“板骨”）tabular
棒骨侧突 tabular horn
背甲 trunk scute
背瘤 sagittal tubercle
背突 alary process
鼻骨 nasal
鼻间骨 internasal
毕德氏器 Bidder’s organ
变态 metamorphosis
表面纹饰 dermal sculpture
不完全变态 incomplete metamorphosis
侧椎体 pleurocentrum
肠骨 ilium（又称髂骨）
尺骨 ulna
齿骨 dentary
齿骨沟 sulcus dentalis
齿列 tooth row
齿突 dentigerous process
耻骨 pubis
大牙 tusk
镫骨 stapes

蝶筛骨 sphenethmoid
顶骨 parietal
顶间骨 interparietal
多趾型 polydactylous
额顶窗 frontoparietal fontanelle
额顶骨 frontoparietal
额骨 frontal
额间骨 interfrontal
额鳞弧 fronto-squamosal arch（也有称“额鳞弓”）
轭骨（又称“颧骨”）jugal
腭窗 palatal fenestra
腭方骨 palatoquadrate
腭骨 palatine
腭突 palatine process
腭翼骨 palatopterygoid bone
耳凹 otic notch
耳窗 otic fenestra
耳盖骨 operculum（又称鳃盖骨）
耳囊 otic capsule
耳柱骨 columella
反关节突 retroarticular process
方轭骨（又称“方颧骨”）quadratojugal
非羊膜型 anamniotic
腓跗骨 fibulare（又称跟骨）
腓骨 fibula
跗骨 tarsal
副蝶骨 parasphenoid
副蝶骨的刀形突 cultriform process of parasphenoid
副舌骨 parahyoid
腹膜肋 gastralia
感觉沟 sensory canal
隔颌骨 septomaxilla
跟骨 calcaneum
肱骨 humrus
钩突、钩状突 uncinate process
股骨 femur
关节骨 articular
冠状骨 coronoid
冠状凸缘 coronoid flange
颌间腺 intermaxillary gland
横突 transverse process
后凹型 opisthocoelous
后顶骨 postparietal
后额骨 postfrontal
后耳骨 opistotic
后眶骨 postorbital
后内鼻孔突 postchoanal process
后颞窝 post-temporal fossa
后肢 hind limb
后足 hind foot, pes
弧胸型肩带 arciferal pectoral girdle
寰椎 atlas
寰椎臼窝 atlantal cotyle
基鳃骨 basibranchial
基舌骨 basihyal
基枕骨 basioccipital
基座型齿 pedicellate tooth
脊索腔 notochordal canal
脊索下板 hypochord（又称索下骨）
脊柱 vertebral column
间颌骨 septomaxillary
间颞骨 intertemporal
间锁骨 interclavicle
间椎体 intercentrum
肩带 pectoral girdle
肩胛骨 scapula
肩胛乌喙骨 scapulocoracoid
肩胸骨 omosternum
荐后横突 postsacral transverse process（又称为尾杆骨横突 urostylar transverse process）
荐后肋 postsacral rib（=尾椎肋 caudal rib）
荐肋 sacral rib
荐前椎 presacral（= presacral vertebra）
荐椎 sacral, sacrum
荐椎横突 sacral diapophysis
荐椎 - 尾杆骨关节 sacro-urostylar articulation
角鳃骨 ceratobranchial
角舌骨 ceratohyal

颈内动脉 internal carotid artery
胫腓骨 tibiofibula
胫跗骨 tibiale（又称距骨 astragalus）
胫骨 tibia
距骨 astragalus
壳椎型 lepospondylous, husk-type
块椎型脊椎 rhachitomous vertebra
髋臼 acetabulum
眶蝶骨 orbitosphenoid
眶后突 postorbital process
眶前突 preorbital process
眶上感觉沟 supraorbital sensory canal
眶上骨 supraorbital
肋骨 rib
泪骨 lacrimal
泪骨折曲感觉沟 lacrimal flexure
犁骨 vomer
犁骨齿 vomerine tooth
犁骨齿列 vomerine tooth row
联合部旁齿列 parasymphyseal tooth
鳞骨 squamosal
绿杆体 green rods
卵圆窗 fenestra ovalis
麦克尔氏孔 Meckelian fenestra
麦氏骨 Meckelian bone
脉弓 haemal arch
膜质骨 membrane bone
拇前指 prepollex
拇前趾 prehallux
内鼻孔 choana, internal naris
拟内鼻孔突 parachoanal process
髂骨 ilium（又称肠骨）
髂骨背突 dorsal protuberance of ilium（= dorsal prominence of ilium）
前凹型椎体 procoelous centrum
前背窗 anterodorsal fenestra
前额骨 prefrontal
前腭窝 anterior palatine vacuity
前耳骨 prootic
前关节骨 prearticular
前关节 - 冠状骨 prearticular- coronoid
前冠状骨 anterior coronoid
前颌窗 premaxillary fenestra
前颌骨 premaxilla, premaxillary
前鳃盖骨 preopercular
前肢 forelimb
前中窗 anteromedial fenestra
前足 forefoot, manus
桡尺骨 radioulna
桡骨 radia
鳃耙 gill raker
上颌骨 maxilla, maxillary
上颌弧 maxillary arcade, maxillary arch
上肩胛骨 suprascapula
上髋臼窝 supracetabular fossa
上颞骨 supratemporal
上翼骨 epipterygoid
神经弓 neural arch
匙骨 cleithrum
手 manus
枢椎 axis
双头肋 bicapitate rib
松果孔 pineal foramen
锁骨 clavicle
外鼻孔 external naris
外鳃 external gill
外温 ectothermic
外翼骨 ectopterygoid
外枕骨 exoccipital
腕骨 carpal
尾杆骨 urostyle
尾杆骨横突 urostylar transverse process
尾椎 caudal（= caudal vertebra）
胃容物 stomach content
吻臀距 snout-pelvis length, SPL（=吻肛距）
乌喙骨 coracoid
乌喙骨板 coracoid plate
下齿骨 infradentary

下鳃骨 hypobranchial
下舌骨 hypohyal
性腺 gonad
眼眶 orbit
羊膜卵 amniote egg
腰带 pelvic girdle
颐骨 mentomeckelian bone
翼骨 pterygoid
翼间窝 interpterygoid vacuity
幼态持续 neoteny
幼型 paedomorphisis
隅骨 angular
隅夹板骨 angulosplenial
掌骨 metacarpal
枕感觉沟 occipital sensory canal
枕髁 occipital condyle
蹠骨 metatarsal
指骨 phalange
指式，趾式 phalangeal formula
趾 digit
趾骨 phalange
中间腕骨 intermedium
中突 medial process
中胸骨 mesosternum
中央腕骨 centrale
专性幼态持续 obligate neoteny
椎体 centrum
椎体下嵴 subcentral keel
自由肋 free rib
足 pes
坐骨 ischium
坐骨板 ischiadic plate, ischium plate

附件

《中国古脊椎动物志》总目录

（共三卷二十三册，计划 2015 － 2020 年出版）

第一卷　鱼类　主编：张弥曼，副主编：朱敏

第一册（总第一册）**无颌类**　朱敏等 编著　（2015 年出版）

第二册（总第二册）**盾皮鱼类**　朱敏、赵文金等 编著

第三册（总第三册）**辐鳍鱼类**　张弥曼、金帆等 编著

第四册（总第四册）**软骨鱼类 棘鱼类 肉鳍鱼类**

张弥曼、朱敏等 编著

第二卷　两栖类 爬行类 鸟类　主编：李锦玲，副主编：周忠和

第一册（总第五册）**两栖类**　王原等 编著　（2015 年出版）

第二册（总第六册）**基干无孔类 龟鳖类 大鼻龙类**　李锦玲、佟海燕 编著

第三册（总第七册）**鱼龙类 海龙类 鳞龙型类**　高克勤、李淳、尚庆华 编著

第四册（总第八册）**基干主龙型类 鳄型类 翼龙类**

吴肖春、李锦玲、汪筱林等 编著

第五册（总第九册）**鸟臀类恐龙**　董枝明、尤海鲁、彭光照 编著

第六册（总第十册）**蜥臀类恐龙**　徐星、尤海鲁等 编著

第七册（总第十一册）**恐龙蛋类**　赵资奎、王强、张蜀康 编著　（2015 年出版）

第八册（总第十二册）**中生代爬行类和鸟类足迹**　李建军 编著

第九册（总第十三册）**鸟类**　周忠和、张福成等 编著

第三卷　基干下孔类 哺乳类　主编：邱占祥，副主编：李传夔

第一册（总第十四册）**基干下孔类**　李锦玲、刘俊 编著　（2015 年出版）

第二册（总第十五册）**原始哺乳类**　孟津、王元青、李传夔 编著

第三册（总第十六册）**劳亚食虫类 原真兽类 翼手类 真魁兽类 狉兽类**

李传夔、邱铸鼎等 编著　（2015 年出版）

第四册（总第十七册）**啮型类 I**　李传夔、邱铸鼎等 编著

第五册（总第十八册）**啮型类 II**　邱铸鼎、李传夔等 编著

第六册（总第十九册）**古老有蹄类**　王元青等 编著

第七册（总第二十册）**肉齿类 食肉类**　邱占祥、王晓鸣等 编著

第八册（总第二十一册）**奇蹄类**　邓涛、邱占祥等 编著

第九册（总第二十二册）**偶蹄类 鲸类**　张兆群等 编著

第十册（总第二十三册）**蹄兔类 长鼻类等**　陈冠芳 编著

PALAEOVERTEBRATA SINICA

(3 volumes 23 fascicles, planned to be published in 2015–2020)

Volume I Fishes

Editor-in-Chief: **Zhang Miman**, Associate Editor-in-Chief: **Zhu Min**

Fascicle 1 (Serial no. 1) Agnathans **Zhu Min et al.** (2015)

Fascicle 2 (Serial no. 2) Placoderms **Zhu Min, Zhao Wenjin et al.**

Fascicle 3 (Serial no. 3) Actinopterygians **Zhang Miman, Jin Fan et al.**

Fascicle 4 (Serial no. 4) Chondrichthyes, Acanthodians, and Sarcopterygians **Zhang Miman, Zhu Min et al.**

Volume II Amphibians, Reptilians, and Avians

Editor-in-Chief: **Li Jinling**, Associate Editor-in-Chief: **Zhou Zhonghe**

Fascicle 1 (Serial no. 5) Amphibians **Wang Yuan et al.** (2015)

Fascicle 2 (Serial no. 6) Basal Anapsids, Chelonians, and Captorhines **Li Jinling and Tong Haiyan**

Fascicle 3 (Serial no. 7) Ichthyosaurs, Thalattosaurs, and Lepidosauromorphs **Gao Keqin, Li Chun, and Shang Qinghua**

Fascicle 4 (Serial no. 8) Basal Archosauromorphs, Crocodylomorphs, and Pterosaurs **Wu Xiaochun, Li Jinling, Wang Xiaolin et al.**

Fascicle 5 (Serial no. 9) Ornithischian Dinosaurs **Dong Zhiming, You Hailu, and Peng Guangzhao**

Fascicle 6 (Serial no. 10) Saurischian Dinosaurs **Xu Xing, You Hailu et al.**

Fascicle 7 (Serial no. 11) Dinosaur Eggs **Zhao Zikui, Wang Qiang, and Zhang Shukang** (2015)

Fascicle 8 (Serial no. 12) Footprints of Mesozoic Reptilians and Avians **Li Jianjun**

Fascicle 9 (Serial no. 13) Avians **Zhou Zhonghe, Zhang Fucheng et al.**

Volume III Basal Synapsids and Mammals

Editor-in-Chief: **Qiu Zhanxiang**, Associate Editor-in-Chief: **Li Chuankui**

Fascicle 1 (Serial no. 14) Basal Synapsids **Li Jinling and Liu Jun** (2015)

Fascicle 2 (Serial no. 15) Primitive Mammals **Meng Jin, Wang Yuanqing, and Li Chuankui**

Fascicle 3 (Serial no. 16) Eulipotyphlans, Proteutheres, Chiropterans, Euarchontans, and Anagalids **Li Chuankui, Qiu Zhuding et al.** (2015)

Fascicle 4 (Serial no. 17) Glires I **Li Chuankui, Qiu Zhuding et al.**

Fascicle 5 (Serial no. 18) Glires II **Qiu Zhuding, Li Chuankui et al.**

Fascicle 6 (Serial no. 19) Archaic Ungulates **Wang Yuanqing et al.**

Fascicle 7 (Serial no. 20) Creodonts and Carnivores **Qiu Zhanxiang, Wang Xiaoming et al.**

Fascicle 8 (Serial no. 21) Perissodactyls **Deng Tao, Qiu Zhanxiang et al.**

Fascicle 9 (Serial no. 22) Artiodactyls and Cetaceans **Zhang Zhaoqun et al.**

Fascicle 10 (Serial no. 23) Hyracoids, Proboscideans etc. **Chen Guanfang**

(Q-3409.01)

www.sciencep.com

ISBN 978-7-03-042403-7

9 787030 424037 >

定　价：108.00元